La teoría de la luz y la materia

La teoría de la luz y la materia

ANDREW PORTER

Traducción de Caterina Gostisa

CHINA EDITORA

Porter, Andrew
La teoría de la luz y la materia / Andrew Porter. - 1a ed . - Ciudad Autónoma de Buenos Aires : China Editora, 2020.
206 p. ; 20 x 14 cm.

Traducción de: Caterina Gostisa.
ISBN 978-987-47449-1-3

1. Cuentos Realistas. 2. Narrativa Estadounidense. I. Gostisa, Caterina, trad. II. Título.

CDD 813

Edición y Dirección editorial: Caterina Gostisa
Corrección: Mónica Campos
Dieño de tapa: Leo Escobar

Título original: *The Theory of Light and Matter*
Primera edición en inglés, 2008

www.chinaeditora.com
chinaeditora@gmail.com

Publicado con el acuerdo de Vintage Anchor Publishing, un sello de The Knopf Doubleday Group, división de Penguin Random House, LLC.

ISBN 978-987-47449-1-3
Hecho el depósito que indica la Ley 11.723

índice

agujero

EL AGUJERO ESTABA AL FINAL de la entrada de autos de la casa de Tal Walker. Ahora está pavimentado. Pero doce veranos atrás Tal se metió adentro y no volvió a salir.

Semanas después, mi madre me abrazaría sin ninguna razón, apretándome con fuerza cada vez que me iba de casa y luego, por las noches, antes de acostarme, pasaría sus dedos por entre las cerdas de mi pelo rapado, inclinándose muy cerca de mí y susurrando mi nombre.

Tal tenía diez años cuando esto sucedió, y yo tenía once. Nuestros jardines del fondo estaban separados por una fila de arbustos de forsitia, y habíamos sido vecinos y mejores amigos desde que mis padres se mudaron a Virginia tres años antes. Tomábamos el autobús juntos, nos sentábamos uno al lado del otro en la escuela, incluso yo solía quedarme a dormir en su casa y él en la mía, excepto durante el verano, cuando dormíamos afuera, en el fuerte de madera enchapada que habíamos construido debajo del olmo chino en el patio trasero de Tal.

A Tal le gustaba tener el agujero en su propiedad. Era algo que nadie más en el vecindario tenía y le encantaba hablar de eso cuando acampábamos en el fuerte. Había comenzado como un pozo que el papá de Tal había abierto de manera ilegal, y conducía a una alcantarilla abandonada debajo de la entrada de autos de su casa. En lugar de juntar las hojas secas y el pasto recién cortado y meterlo en una bolsa de residuos como hacían todos los demás en el vecindario, los Walker levantaban la tapa de acero que recubría el agujero y tiraban todo ahí. Parecía como un secreto, algo ilícito. Nunca supimos realmente qué había allí. Era solo un gran espacio vacío, tan turbio que ni se podía ver el fondo. A veces, Tal intentaba convencerme de que una familia de criaturas-lagarto vivía allí, como las que juró haber visto a altas horas de la noche junto al pantano: hombres-lagarto de dos metros de altura que podían vivir alimentándose de cualquier cosa, como ramitas o pasto, y con una visión especial que les permitía ver en la oscuridad.

Eso fue hace doce años. Mi familia ya no vive en Virginia y Tal ya no está vivo. Pero esto es lo que le digo a mi novia cuando me despierto por las noches e imagino que Tal me habla de nuevo:

Es mediados de julio, doce veranos atrás, y puedo sentir los gritos de Tal entre el rugido de la cortadora de césped, a menos de una hora de su muerte. Su boca se mueve, pero no puedo escucharlo. Tal tiene diez años y no debería estar cortando el pasto, pero ahí está. Sus padres se han ido a pescar todo el día a Eagle Lake, y Kyle, su hermano mayor, le ofreció cincuenta centavos si terminaba de cortar el césped por él. Tal y yo estamos en esa edad en la que la responsabilidad es algo atractivo, y Kyle ha sido lo suficientemente amable con nosotros en algunas ocasiones como para dejarnos usar la podadora, de la misma manera que mi padre nos ha dejado conducir su camión sentados en su regazo.

Es temporada de sequía en Virginia. No ha llovido en dos semanas y la temperatura no baja de los treinta y siete grados, de hecho, se pronostica que alcanzará los cuarenta grados por la noche. El aire de la tarde es brumoso, tan espeso que puedes sentir que te mueves a través de él y cuando entrecierras los ojos puedes ver el calor que se eleva en ondas sobre el camino de entrada de macadán.

Tal se está apurando para terminar, luchando con el pasto enmarañado, conduciendo la oxidada cortadora en largos y ovalados barridos alrededor del jardín. La parte de atrás de su remera está empapada en sudor, y cada tanto se forma una nube de polvo detrás de él cuando pasa por una montaña de tierra. Es su última hora de vida, pero él no lo sabe. Está sonriendo. La cortadora se ahoga y escupe basura y cada tanto se detiene y Tal le da unas pataditas con sus pies descalzos. Mientras tanto, yo escucho los cuarenta principales en la radio, sentado a la sombra en la galería de los Walker, con el traje de baño puesto, esperando a que Tal termine de vaciar la última bolsa de basura en el agujero para poder irnos a nadar a la pileta de los Bradshaw.

Los Bradshaw son la última familia de ricos que quedó en nuestro vecindario. Sus hijos ya crecieron y se mudaron, y este verano nos dejan usar la pileta a Tal y a mí dos o tres veces por semana. Nos les importa que digamos malas palabras, que hagamos mucho ruido o que nos aparezcamos vestidos solo con nuestros trajes de baño, sin otra ropa. Ellos permanecen dentro de su casa, con el aire acondicionado encendido, mirando por la ventana cada tanto para saludarnos. Con Tal nadamos desnudos todo el tiempo y ellos nunca se dan cuenta.

Es extraño. Incluso ahora, algunas veces me imagino a Tal al final de la entrada de autos de su casa, justo después de que haya dejado la basura dentro del agujero. Está llorando y esta vez le digo que no se tiene que preocupar en absoluto.

—Déjalo pasar —le digo—. ¿A quién le importa?

Y a veces me hace caso y empezamos a caminar por la calle en dirección a la casa de los Bradshaw. Pero cuando llegamos a la casa, él ya no está. Y cuando me doy vuelta, me doy cuenta de que él se ha ido en dirección al agujero y entonces es demasiado tarde.

Cada vez que vuelvo a narrar el episodio, la historia cambia. A veces es el piso caliente en la entrada de autos de Tal y sus pies descalzos lo que hace que se le resbale la bolsa. Otras veces es la ansiedad: él ya está pensando en cómo será la sensación del agua helada en su piel al saltar del trampolín en la pileta de los Bradshaw. Pero incluso ahora, doce años después, no estoy seguro de estas cosas. Y tampoco sé por qué la bolsa se vuelve tan importante para él en ese momento.

Se dice que cuando eres mayor puedes recordar episodios que ocurrieron años atrás de forma más vívida de lo que podrías hacerlo incluso un día o dos después de haberlos experimentado. Parece cierto. Ya no puedo recordar el momento exacto en que comencé a escribir esto. Pero puedo recordar, con lujo de detalles, la expresión en el rostro de Tal en el momento en que perdió la bolsa de la cortadora. Era una mirada de frustración, pero sobre todo de miedo. Quizás estaba preocupado de que su padre se enterara y se desquitara con él o con Kyle como había hecho otras veces, o a lo mejor tenía miedo porque Kyle le había dicho que no lo echara a perder y él lo había decepcionado, probando que no era digno de su confianza.

Según un artículo que salió en el diario, el agujero solo tenía tres metros y medio de profundidad; lo hicieron medir después del incidente. Pero en mi memoria era mucho más profundo. La bolsa está en el fondo, eso lo sabemos, pero Tal y yo no podemos distinguir su forma en la oscuridad. Humos calientes emanan del agujero, lo que nos marea un poco y nos hace llorar. Es un olor húmedo, el aroma de la hierba negra y almibarada que ha estado descomponiéndose por más de una década. Tal tiene una linterna y yo estoy sosteniendo la escalera que trajimos de su garaje. Si Tal está nervioso o incluso dubitativo mientras colocamos la escalera en el agujero, no lo demuestra: no está pensando en las criaturas-lagarto del pantano ni en nada que pudiera haber allí abajo. A lo mejor se imagina que ahí abajo no hay más que un colchón de pasto producto de diez veranos de acumulación, que lo espera formando una suave cama de heno.

Ambos nos quedamos mirando el agujero por un momento, luego Tal coloca la escalera con mucho cuidado, la linterna entre sus dientes, y justo antes de que su mota de pelo rubia desaparezca, me mira y me sonríe, como si supiera lo que está a punto de suceder.

Unos segundos más tarde escucho que dice: "¡Acá huele a mierda!". Dice una cosa más y se ríe, pero no puedo escuchar qué es lo que dice.

La linterna nunca se enciende. Ni siquiera cuando le grito. Ni cuando le lanzo palitos y piedras pequeñas adentro del agujero y le digo que se deje de bromear. Ni siquiera cuando me paro sobre la luz que viene del agujero y lo amenazo con retarlo, incluso bajándome el traje de baño para mostrarle cuán seriamente le estoy hablando, pero tampoco ahí me contesta.

Más adelante, en décimo grado, un par de años después de que mi familia se mudara a Pensilvania, recibí una carta de Kyle Walker. Estaba viviendo y trabajando en Raleigh desde la secundaria. En la carta decía que quería saber qué había sucedido ese día. Siempre me lo quiso preguntar, pero nunca tuvo el valor para hacerlo. No había habido nadie más en el momento en que eso ocurrió, y conocer los detalles lo ayudaría.

Unos días más tarde le escribí una carta extensa en donde le describía todo con lujo de detalles. Incluso añadí mis propios pensamientos, conjeturas y algunos de los sueños que había tenido. Y al final de la carta le dije que me gustaría verlo si alguna vez viajaba a Pensilvania. La carta estuvo unos días en mi escritorio, pero nunca la llevé al correo. La miraba cada vez que entraba a mi dormitorio y salía. Y después de un mes la puse adentro del cajón de mi escritorio.

Dos bomberos murieron en el intento de rescatar a Tal. Otros dos terminaron con serio daño cerebral cuando el jefe del cuerpo de bomberos decidió que se trataba de una situación de riesgo debido a la cantidad de humo tóxico y que deberían ponerse las máscaras de oxígeno y cavar su salida del agujero por los costados. Más tarde los periódicos locales informaron que tanto Tal como los dos bomberos habían vivido media hora probablemente allí abajo, y que el dióxido de carbono los había dejado inconscientes al principio, pero que luego se habían sofocado de manera gradual.

Hay una multitud de gente mirando en el momento en que unos jóvenes bomberos sacan el cuerpo de Tal y lo amarran a la camilla. Ya no se parece en nada a la persona que conocía. La piel de su cara es de un gris azulado, y sus ojos están cerrados como si estuviera durmiendo una siesta. Verlo a Tal de esta manera hace que Kyle se vaya a un pequeño recoveco en el jardín del otro lado de la casa. Más tarde esa noche Kyle le tendrá que contar a sus padres, a la vuelta de su viaje de pesca en Eagle Lake, lo que ha sucedido. Habrá gritos en la galería del jardín del fondo y Kyle subirá a su dormitorio y no saldrá de allí. Durante años todo el mundo comentará lo duro que debe haber sido para él, teniendo que lidiar con ese tipo de carga a una edad tan temprana.

Cuando la última ambulancia se retira del lugar, mi madre me lleva a casa y no lloro hasta más tarde en la noche, después de que todos se hayan ido a dormir, y ya no puedo parar de llorar. Los padres de Tal no me vuelven a dirigir la palabra. Ni siquiera en el funeral. Si lo hubieran hecho, les habría dicho lo que a veces reconozco como real en mi sueño: que era yo y no Tal quien había dejado caer la bolsa al agujero. Y otras veces, que yo lo había empujado. Y una vez: que yo lo había incitado a bajar como una apuesta.

Esa es la historia verdadera, les diría. Pero no les contaré la otra parte de mi sueño. La parte en la que yo soy el que va al agujero, y Tal vive.

coyotes

MI PADRE ES UN DIRECTOR de documentales fracasado. Digo fracasado porque hizo una sola película en toda su vida. Pero por un breve lapso de tiempo, a fines de los setenta, cuando yo era chico, alcanzó una breve cuota de fama, como diría tiempo después. La razón de esa leve fama era un breve documental sobre un grupo de indios shoshone del sur de Nevada. Dudo mucho que alguien recuerde esa película en la actualidad, pero durante las semanas y meses siguientes al estreno, mi padre recibió elogios de la crítica en varios festivales de cine pequeños, ganó cierta cantidad de dinero y sobre todo se llenó de esperanza y coraje para continuar haciendo películas por los siguientes diez años. Hasta donde yo sé, no logró terminar ninguna otra película, en cambio dedicó los siguientes diez años de su vida a pasar de un proyecto a otro, filmando durante semanas o meses, luego abandonando la película por otra que creía tener más potencial.

Mi madre y yo vivíamos en el sur de California, donde ella trabajaba como abogada, y una vez cada varios meses él llamaba desde distintas partes del país con noticias sobre su más reciente proyecto, que era siempre el mejor, y le pedía a mi madre que vendiera algo suyo, o hipotecara nuevamente la casa. Y cuando ya no quedaba nada más para vender, simplemente le pedía a ella que le prestara dinero. Técnicamente, mis padres estaban separados, pero mi madre seguía muy enamorada de él, de hecho, nunca dejó de amarlo, y lo que es peor, creía ciegamente en su talento. Quería verlo triunfar, quizás incluso más de lo que él lo deseaba, y hasta el día de hoy todavía pienso que esa fue la mayor debilidad de mi madre.

Puedo decir ahora, veinte años después, que mi padre nunca estuvo destinado a obtener esa clase de fama con la que una vez soñó. No era su destino convertirse en un gran director de documentales (a decir verdad, pocos documentalistas lo son), y tampoco estaba destinado a alcanzar ni las más mínimas distinciones que la mayoría de sus contemporáneos disfrutaban. El poco talento que poseía parecía servirle solo como fuente de frustración y como recordatorio constante de un leve y nunca aprovechado potencial. Pero en ese momento —esto es en mi primera infancia—, yo creía ciegamente en su potencial, y a pesar de extrañarlo muchísimo nunca lo culpé por ausentarse tan seguido. Para cuando tenía doce años, mi madre y yo ya estábamos acostumbrados a su ausencia en nuestras vidas. Y también ya estábamos acostumbrados a que se apareciera en casa de la nada, después de haber estado ausente durante varios meses, y editara algunas partes de sus documentales, y prometiera que iba a estar en casa más tiempo, y sin embargo a la semana siguiente se volvía a ir, así de improviso como había llegado. Los pocos meses al año que mi padre estaba en casa se la pasaba en el sótano, empapado en material para editar, investigando para su próximo proyecto, o a veces editando material de proyectos anteriores que quería concluir. El sótano se convirtió en su refugio. Su lugar de trabajo y también su dormitorio, dado que mis padres estaban separados. Cuando no estaba ahí abajo, mantenía la puerta cerrada bajo llave todo el tiempo, y por más que suene raro de reconocer ahora, en todos los años que pasamos viviendo en esa casa, puedo recordar que en solo una ocasión mi padre me dejó bajar ahí. Fue durante el invierno en que yo tenía diez años. Mi padre necesitaba ayuda para subir unas cajas por la escalera y luego de un par de cargas simplemente me agradeció, me dio una palmada en la espalda, se dio vuelta y cerró la puerta. Eso fue todo. Estuve ahí abajo solo unos minutos, pero por lo que puedo recordar no era nada del otro mundo, solo un pequeño espacio oscuro repleto de equipos de filmación polvorientos. Había un catre angosto en una esquina y un par de estanterías con libros en las paredes. Pero el resto del cuarto era una pila desordenada de cámaras viejas y micrófonos, máquinas de edición y cajas de cartón, todas rotuladas y llenas de lo que yo asumo eran rollos y rollos de películas sin revelar.

Por las noches —es decir, las noches en que mi padre estaba en casa—, yo pasaba largas horas en la mesa de la cocina, haciendo la tarea, sintiendo el sonido de la máquina de editar debajo de mí. En ese momento yo todavía era muy pequeño como para reprocharle el hecho de que estuviera ausente tanto tiempo. En cambio, llenaba el hueco que había dejado en nuestras vidas con una imagen suya idealizada: un hombre al borde de la gran fama, un hombre del que algún día podría presumir. Me imaginaba entrando a la escuela con una revista con su imagen en la portada. Imaginaba la enorme casa en la que algún día viviríamos: una casona de varios pisos en Hollywood Hills, una mansión con palmeras y una piscina iluminada en el patio trasero. Y cuando me aburría de hacer la tarea, caminaba hasta la otra punta de la cocina y releía un breve artículo sobre él que mi madre conservaba enmarcado en la pared. El artículo hablaba de la primera película de mi papá, y a pesar de que la mayor parte de la reseña era favorable, había una pequeña oración que siempre me conmovía: una oración casi al final del artículo en el que el crítico describía el film de mi padre como "el inconfundible trabajo de un joven genio". Con el paso de los años llegué a comprender que fueron esas palabras y el peso que conllevaban lo que me permitió perdonarlo durante tanto tiempo. Encaramado en la mesa de la cocina, repetía esas palabras en mi cabeza como un mantra. Debo haber creído que, si las repetía lo suficiente, si copiaba su cadencia, se convertirían en verdad.

El verano del que quiero hablar —el verano en que cumplí trece años—, mi padre regresó, una noche, después de una filmación de seis meses en el llano y árido desierto del oeste de Texas. Había estado ausente la mayor parte del año anterior, filmando y entrevistando a trabajadores inmigrantes que vivían a un par de kilómetros al norte de la frontera mexicana. Para ese entonces estaba trabajando en un documental sobre la inmigración ilegal, desde el punto de vista de los inmigrantes. Pero se topó con un par de complicaciones legales, creo, y también se frustró un poco por la falta de voluntad de los trabajadores en ser filmados. Habían pasado años hasta que finalmente mi padre logró costear un equipo de trabajo. Trabajaba casi exclusivamente en la parte trasera de su camioneta, guardando cámaras y equipos en el baúl y durmiendo en una pequeña carpa pegada a la puerta trasera de la camioneta. A principios del verano había venido a casa por un fin de semana largo para editar algunas imágenes que había recolectado, y luego, un par de semanas después, deprimido y desanimado, había vuelto. No sé qué lo había llevado a regresar esa segunda vez desde Texas. Quizás había visto algo allá que lo había asustado. O tal vez había llegado a un punto en el que sentía que se había alejado de nosotros por mucho tiempo. Todo lo que sé es que se la pasó manejando durante tres días seguidos solo deteniéndose para dormir al costado de la ruta, y cuando finalmente llegó a nuestra casa estaba tan cansado que apenas podía mantenerse en pie. Lo que es peor, la noche que se presentó en nuestra puerta, sin previo aviso, mi madre estaba en casa con un hombre, un colega de su firma de abogados, un caballero delgado y mayor llamado David Stone.

Estábamos los tres sentados a la mesa de la cocina cuando mi padre apareció, mal dormido y desaliñado a causa de esos tres días de viaje. Estaba sin afeitar y con un enorme bolso de rezagos estilo militar que colgaba sobre su hombro derecho. Para ese entonces yo ya me había acostumbrado a sus repentinas e inesperadas apariciones. Ni un llamado previo. Ni una carta de aviso. Ni una mínima notificación sobre sus planes. Solo mi padre —con los ojos borrosos por la falta de sueño—, apareciendo de la nada en la puerta de nuestra casa sin otra cosa más que su mochila a cuestas. Pude ver la expresión de alarma en el rostro de David, pero antes de que se pudiera levantar, mi madre le acarició la mano suavemente y le sonrió. Luego se levantó y abrazó a mi padre.

—Volviste —dijo ella, tratando de no parecer sorprendida.

—Volví —sonrió mi padre.

Mi padre me guiñó un ojo por encima del hombro de mi mamá y luego lo observó a David. Las miradas de los dos se encontraron por un segundo y luego mi padre soltó delicadamente a mi madre.

—Él es David Stone —dijo mi madre, mirando al extremo de la mesa, en donde estaba sentado David con la cara pálida.

—Un gusto en conocerte —le dijo mi padre sonriendo.

—Igualmente —asintió David.

Mi padre nos contó algunas cosas sobre su viaje —cómo su camioneta se había roto dos veces a la altura de Albuquerque, cómo pasó la mayor parte del día en El Paso—, y luego, alegando estar exhausto, se dirigió directo al sótano.

Cuando se fue, mi madre miró a David y se encogió de hombros. David asintió, como queriendo transmitirle que entendía, y enseguida lo acompañó hasta la puerta.

En ese momento, nada de esto me parecía extraño. Mi madre solía tener citas con otros hombres cuando mi padre estaba ausente, y mi padre siempre pareció entenderlo. Creo que nunca se preocupó por eso. Como yo, parecía entender que mi madre nunca tomaba en serio a ninguno de estos hombres. Eran siempre del mismo tipo: muy correctos e intelectuales. Hombres que no le exigían mucho tiempo a mi madre y que aceptaban sus términos. Hombres quienes luego ella describiría como "refinados e inofensivos pero un tanto aburridos". No permanecía con ellos más que por un par de citas para luego cansarse y dejarlos. Pero de alguna manera con David Stone era diferente. Él era alto y buenmozo, un expiloto de la Fuerza Aérea que ahora ocupaba un lugar en el bufete de abogados junto a mi madre. Tenía una licenciatura en abogacía en la Standford Law School y de joven había recorrido toda Europa, y si bien creo que mi madre no estaba enamorada de él, tampoco lo había dejado. Es posible que solo quisiera poner celoso a mi padre, o quizás quería hacerle saber que ella había avanzado con su vida y que ya no iba a estar esperándolo. Cualquiera fuera la razón, ella seguía saliendo con David después del trabajo, y mi padre seguía parando en nuestra casa, editando películas, silencioso, en nuestro sótano.

Tengo un par de recuerdos más de mi padre durante esa época. Permanecía en el sótano más tiempo de lo habitual, trabajando diez horas por día, saliendo solo para alguna comida ocasional. Las pocas veces que cenábamos todos juntos como una familia él parecía distraído, al límite, y hablaba sobre su proyecto y lo que él creía era el verdadero problema con la inmigración ilegal. Hablaba sin parar, y cuando mi madre interrumpía para avisar que se le estaba haciendo tarde para su cita, mi padre hacía como que la ignoraba.

—El problema no se va a solucionar solo —solía decir sin dirigirse a nadie en particular—. No se va a solucionar solo.

—Bueno, tengo que irme a un lugar —sonreía mi madre—. Y estoy retrasada.

Mi padre nunca le preguntaba adónde iba por las noches, o qué hacía durante las salidas. Creo que trataba de ser lo más comprensivo y contenedor posible. Pero también creo que le costaba asimilar el hecho de que mi madre ahora estaba en una relación seria, y que su novio manejaba un Aston Martin y le ofrecía a mi madre llevarnos a ella y a mí a una pequeña isla en la costa de México para las vacaciones. Sin embargo, no hablaba de estas cosas. Se guardaba, lo que fuera que sintiera, para sus adentros. Y cuando mi madre mencionaba a David en una conversación, él simplemente asentía y esperaba a que ella cambiara de tema. Hubo una sola vez que recuerdo que mi padre se percató de la existencia de David. Fue la noche después de mi primer encuentro de natación del verano. Estábamos sentados alrededor de la mesa, mi padre fumando sus cigarrillos, mi madre leyendo y preparando sus casos para el día siguiente, cuando de alguna manera saltó el tema de un caso en el que estaba trabajando David. Mi padre creía que David estaba representando mal a su cliente. Sostenía que había algo reprochable en la manera en que David estaba encarando el caso, y poco después ya estaba haciendo conjeturas sobre la personalidad de David.

Mi madre escuchaba pacientemente, sin defender a David, pero sin reconocer tampoco las afirmaciones de mi padre. Podía ver que ella no tenía ninguna intención de hablar mal de David. Pero al mismo tiempo, no quería pelearse con mi padre. Así que se limitó a quedarse sentada, con una sonrisa cordial, y cuando mi padre le preguntó qué pensaba realmente sobre David, ella se encogió de hombros y dijo:

—No hay mucho para decir. David es un tipo muy sencillo. Nunca se desvió del camino, si entiendes lo que quiero decir.

Mi padre asintió. Luego miró por la ventana y encendió un cigarrillo.

—Tiene plata —dijo después de un rato—. Eso debe ser agradable.

Mi madre se rió.

—Debe serlo —dijo—. Yo no puedo saberlo.

—No —dijo él—. Supongo que no puedes.

Mi madre luego miró su reloj.

—Uy, se me hace tarde —dijo—. ¿Podrían lavar los platos, chicos?

Yo le dije que lo haríamos.

Mi padre se encogió de hombros.

Acto seguido, mi madre se levantó de la mesa, y mientras atravesaba la cocina, mi padre la observó con la seriedad de un padre preocupado que mira a su única hija.

—Solo recuerda —le dijo—. Son aquellos que aparentan ser sencillos los que a la larga terminan no siendo tan sencillos.

—Lo tendré en cuenta —respondió mi madre sonriendo mientras salía de la habitación.

Ni bien mi madre se fue a su dormitorio a prepararse para su salida, mi padre bajó al sótano, puso una de sus raras grabaciones de Bartók y comenzó a ensimismarse en su mundo. Yo, en cambio, sentado ahí solo con todos los platos sucios, me paré obedientemente frente al fregadero y me puse a lavar con el pulso de la música que venía de abajo y ese zumbido frenético de la máquina de editar. En noches como esta, mi padre se quedaba en el sótano por largas horas, haciendo como que trabajaba, pero lo que hacía realmente era esperar a que el auto de mi madre apareciera por la entrada. Horas más tarde, cuando la puerta de la casa se abría, él emergía de su cuarto subterráneo y la seguía a mi madre hasta su cuarto en el piso de arriba. Desde mi dormitorio, que estaba justo enfrente, yo podía escuchar cómo le hablaba a mi madre, y algunas veces incluso lloraba. Y a pesar de que ella lo amaba profundamente —incluso algunas noches lo dejaba quedarse en su habitación—, sabía que iba a estar mejor sin él. Tampoco sé si eso es lo que él deseaba, pero lo que es cierto es que luego de dos semanas de ver a mi madre desaparecer durante las noches, dos semanas de escuchar el auto de David estacionarse en la entrada, anunció que, a pesar de que era muy repentino, debía regresar a Texas para terminar con su proyecto. Estábamos sentados alrededor de la mesa, cenando, cuando trajo el tema a colación.

Yo esperaba que mi madre dijera algo, que protestara como solía hacerlo, pero en cambio se levantó y comenzó a lavar los platos.

—¿Cuándo regresarás? —le pregunté.

—No puedo saberlo todavía —respondió él mirando la espalda de mi madre—. Esta vez me iré por mucho tiempo.

—¿Seis meses? —pregunté.

—Seis meses —dijo—. O tal vez un año. Es difícil saber.

—¿Un año? —dije.

Se encogió de hombros.

—Es posible.

—Bueno, solo mantennos al tanto —intervino mi madre desde el fregadero, sin darse vuelta.

—Lo haré —respondió mi padre.

Se levantó de la mesa y luego permaneció parado en el medio de la cocina por un rato. Parecía que estaba esperando a que mi madre se diera vuelta. Pero nunca lo hizo, y luego de unos minutos, se dirigió al sótano. A la mañana siguiente, mientras la niebla se disipaba en el océano, vi su camioneta salir del camino de entrada.

Durante las noches de ese verano, a veces se escuchaban los coyotes por encima de las colinas de nuestro vecindario. Cuando mi madre estaba fuera con David, yo solía salir por la ventana de mi habitación y me sentaba en el techo a escuchar los coyotes que vivían en la pendiente detrás de nuestra casa. Nunca se los veía durante el día, pero a la noche, cuando el sol bajaba, se los podía oír a la distancia, aullando como perros. Detrás de nuestro jardín trasero, se podía ver el océano negro, plateado a la luz de la luna, y más atrás, las pequeñas luces de las casas que estaban sobre la marina. Sentía como si mi infancia entera hubiera transcurrido en ese tejado, observando el agua y creyendo que si la miraba lo suficiente descubriría algo importante sobre el funcionamiento del mundo.

En ese entonces solo tenía un amigo —un chico vietnamita muy flaco llamado Chau Nguyen—, que durante las noches, después de cenar, venía a visitarme y nos quedábamos en el tejado de mi casa. Chau y yo nadábamos juntos en el equipo de natación, y nos sentábamos juntos en la escuela, pero a pesar de nuestra cercanía en edad (solo era un año mayor que yo), decía que tenía mucha experiencia mundana. Había crecido en Vietnam y le gustaba relatar largas y elaboradas historias sobre todas las cosas que había hecho allí. Por ejemplo, la vez que le habían dejado llevar una navaja a la escuela y había cortado a todos los que hablaban mal de él. Yo sabía que la mayoría de esas historias eran puras mentiras, pero me las había contado tantas veces y con tantos detalles que la mitad de las veces me encontraba creyéndomelas. Las historias preferidas de Chau eran, naturalmente, aquellas que involucraban mujeres. Una vez me contó que allá en Vietnam tenía seis novias, y que había requerido de mucha habilidad lidiar con todas a la vez. Otras veces me contaba sobre las prostitutas adolescentes —las "thanh ngoåi"—, a quienes supuestamente visitaba con regularidad. Y, sin embargo, a pesar de toda su experiencia mundana, de toda su bravuconería y experiencia sexual, Chau seguía mojando su cama por las noches, y por esta misma razón a mi madre no le gustaba que Chau se quedara a dormir en casa. Yo se lo rogaba, prometiéndole que no iba a volver a suceder, pero ella siempre tenía alguna excusa para no dejar que se quedara. Y esto fue así durante todo el verano, hasta que, un día de mediados de julio, mi madre trajo a casa un protector de colchones de plástico y me hizo colocarlo debajo de las sábanas de la cama donde dormía Chau. Él nunca me dijo nada sobre el protector, pero yo imagino que se debe haber dado cuenta. Esto fue a mediados del verano, una o dos semanas después de que mi padre se fuera de viaje. La misma noche que David se presentó en casa en esmoquin para llevar a mi madre a una importante fiesta elegante en Newport Beach. Había alquilado una limusina esa noche y había comprado una botella de vino muy cara, y durante algunas horas, antes de ir a la fiesta, él y mi madre tomaron vino y rieron sentados en el patio trasero, mientras Chau y yo comíamos pizzas descongeladas mirando la tele.

Más tarde, cuando mi madre y David partieron a la fiesta, Chau y yo agarramos lo que había sobrado del vino, lo llevamos al techo y nos quedamos allí escuchando los coyotes. Era una noche cálida, con el sol poniéndose al final de la calle, y Chau y yo conversamos durante largo rato sobre lo que haríamos si alguna vez nos cruzábamos con uno. Nos creíamos capaces de domesticarlos como a los perros, para que pudieran dormir con nosotros en nuestras habitaciones. Nos quedamos despiertos hasta tarde. Chau había traído un paquete de cigarrillos malayos que había robado del cuarto de su abuelo, y nos fumamos todos y cada uno de ellos. Más tarde, cuando vi que Chau ya estaba dormido, volví a salir al tejado. Por costumbre, nunca me iba a dormir antes de que mi madre regresara de sus citas. Estaba convencido de que era mi responsabilidad esperar a que volviera, para poder cuidar la casa, pero la realidad era que me costaba dormirme si no escuchaba el sonido del auto estacionando en la entrada. Esa noche permanecí en el techo durante muchas horas, esperando encontrar las luces de la limusina, mirando el océano, plateado por la luz de la luna. Quería estar ahí cuando ella regresara, quería ver su expresión cuando caminara hacia la puerta. Pero me terminé aburriendo y volví a la casa y bajé hasta la cocina para tomar agua. La casa estaba fría esa noche. Había una brisa en el aire, y mientras cruzaba el living, vi la silueta de mi padre, encorvada sobre la mesada de la cocina, escribiendo algo en un cuaderno espiralado. Por lo que pude ver, él se había metido en un sueño que yo estaba teniendo. Detrás de él se podía ver la puerta del jardín abierta y un viento que entraba en la casa. Levantó la vista cuando me vio, sonrió, y luego continuó escribiendo. Al principio no dije nada. Simplemente me quedé ahí parado, mi mente no terminaba de procesar el hecho de verlo ahí en nuestra cocina. Después de un momento sacó el papel del cuaderno, lo puso en un sobre y me lo dio.

—Quiero que le des esto a tu madre —me dijo.

Yo me quedé mirándolo.

—Creí que estabas en Texas —le respondí.

—Aún no —me dijo—. Estuve parando en el centro. No me podía ir, pero ahora puedo. —Apoyó la mano en mi hombro—. Voy a hacer un corte sano esta vez.

—¿Un corte sano?

Él asintió.

No entendí qué quería decir con un corte sano, pero tuve la sensación de que no iba a regresar por un tiempo.

—¿Quieres venir conmigo? —me dijo después de un rato. Era la primera vez que mi padre me hacía una invitación como esta, y si bien una parte de mí quería responderle que sí, sabía que si lo hacía mi madre nunca me lo iba a perdonar.

—No puedo dejar al equipo de natación —le dije.

Mi padre asintió. —El equipo de natación —dijo sonriendo—.

Claro, tienes razón. Luego, como si eso explicara todas nuestras diferencias, me dio unas palmadas en el hombro y desapareció por la ventana corrediza de vidrio.

Incluso ahora, quince años después, mi madre y yo nunca hablamos de esa carta. Cuando mi padre se fue, yo dejé la carta sobre la mesa, y a la mañana siguiente, cuando Chau y yo bajamos a desayunar, la carta ya no estaba ahí.

En los días siguientes traté de buscar señales en el rostro de mi madre que revelaran algo de lo que mi padre le había escrito. Pero ella parecía igual que siempre, ni excitada ni desilusionada, simplemente conforme con lo que fuera que mi padre le había dicho. Siguió saliendo con David por las noches, y durante los fines de semana iban juntos a fiestas en pueblos de playa arriba y cercanos a la costa. Y por lo general se quedaba hasta tarde. Incluso algunas veces no regresaba hasta entrada la mañana. Sin embargo, yo seguía con mi ritual de esperarla, con la esperanza de que alguna noche ella regresara con los ojos llorosos, resignada al hecho de que las cosas con David nunca funcionarían.

Quizás, si hubiera sabido lo que mi madre estaba atravesando ese verano, yo habría sido más empático con ella. Quizás la habría perdonado por quedarse hasta tan tarde con David todas esas noches o por no haber llamado a mi padre durante los fines de semana, como solía hacerlo. Pero no lo sabía, y comencé intencionalmente a generar una distancia entre nosotros. Empecé a quedarme hasta tarde en los entrenamientos de natación, a cenar más seguido en la casa de Chau, y a hacer largas caminatas por la playa de noche. Estaba convencido de que mi madre quería hacerlo sufrir a mi padre saliendo con David. Para mí ella era la culpable de que mi padre se alejara, de que no supiéramos nada sobre él en tanto tiempo. Parecía como si de alguna manera ella estuviera tratando de reemplazarlo, y yo temía pasarme el resto de mi vida como un marginado: observando a mi madre y a David partir por las noches, esperando por largas horas hasta que regresaran. Lo cierto era que David no me agradaba. Para mí solo era uno más en la lista de hombres con los que mi madre salía, lleno de falsos halagos y cariño superficial. La única diferencia con el resto de los hombres era que David apenas era un poco más atractivo, y quizás mejor posicionado económicamente, algo más educado y gentil, pero por lo demás era como el resto, y supongo que mi madre lo sabía.

Algunas noches, mientras mi madre se cambiaba en su cuarto, David se sentaba conmigo en el jardín y me hacía preguntas. Quería saber cómo iban mis entrenamientos de natación, cómo eran mis amigos o cómo me estaba yendo en la escuela, y cuando se cansaba de mis respuestas de monosílabos, sencillamente se ponía a hablar de él. Antes de convertirse en abogado David había formado parte de la Fuerza Aérea y le gustaba contarme sobre los lugares por donde había volado. Cómo se había quedado varado en el sudeste asiático durante el final de la Guerra con Vietnam, y cómo recordaba aquella época sin remordimientos. Hablaba de la guerra de una manera casi romántica, como si hubiera tenido lugar el día anterior, y yo entonces pensaba en la familia de Chau, en su tío, que había sido asesinado una noche en la selva, cuando regresaba de visitar a su novia del pueblo vecino.

—¿Has matado a alguien alguna vez? —le pregunté a David una noche que vino a casa a cenar.

Mi madre me reprochó con la mirada.

—No —contestó él—. Estábamos en retirada para cuando yo

llegué al lugar. Todo había terminado para ese entonces, jefe.

—Pero lo habrías hecho —dije yo—. Si te lo pedían.

—Alex —dijo mi madre.

—Quiero saber —le contesté.

Mi madre se levantó y caminó hasta el fregadero.

—Quiero que vayas a dormir —me dijo.

—Quiero que me responda.

Ella se dio vuelta y me miró fijo, pero yo no me moví. Seguí mirando a David. Él sorbió su café lentamente y luego me miró de una manera que parecía decir: nunca vamos a ser amigos.

— Sí —respondió—. Lo habría hecho.

Pasarían años antes de que me enterara de todo lo que había sucedido ese verano entre mi madre y mi padre. En ese entonces no sabía que la cabeza de mi padre se estaba desmoronando lentamente. No sabía que todo ese tiempo que había estado "afuera" en verdad se había estado quedando en un motel de la ciudad. No sabía que mi madre todavía hablaba con él por teléfono o que incluso iba a visitarlo por las tardes después del trabajo. Lo que sí sabía era que las cosas estaban cambiando de un modo irreversible en nuestras vidas. Y lo que recuerdo es que una tarde, luego de una práctica de natación, mientras Chau y yo volvíamos en bici a nuestras casas, pude ver la camioneta azul de mi padre estacionada en la calle en la entrada de casa. El motor estaba en marcha, y cuando pasé por el lado del acompañante, mi papá me guiñó un ojo y me sonrió. Pude ver que tenía un diente roto, una de sus paletas.

—Sube —me dijo.

Yo lo miré.

—Ven a ayudarme, *compadre*.

—¿A dónde vamos? —le pregunté.

—Bueno, ahí es donde voy a necesitar tu ayuda.

Atravesé la entrada con mi bicicleta, la dejé ahí apoyada y volví corriendo a la camioneta. Me di vuelta para saludar a Chau, que estaba sentado en su bicicleta, confundido.

Mi padre se inclinó y sacó el seguro del asiento del copiloto.

—¿Qué pasó con Texas? —le dije mientras trepaba al asiento del acompañante.

—Sigue ahí, por lo que sé —sonrió.

—Quiero decir, ¿por qué no estás allá?

—Es una larga historia —me contestó.

—¿Has estado aquí todo este tiempo?

—¿Qué quieres decir?

—¿Te has quedado en la ciudad?

Mi padre sacudió la cabeza.

—Volví —dijo—. Estuve en Texas por un tiempo, pero luego me quedé sin plata. Eso es de lo que quiero hablar con tu madre.

Mientras andábamos en el auto, mi padre me dijo que necesitaba las indicaciones para llegar a la oficina de mi madre. Dijo que necesitaba hablar sobre unos "asuntos financieros" con ella. No sacaba la vista del camino, y me di cuenta, por el modo en que no me miró ni una sola vez, que me estaba mintiendo. Tuve la sensación de que no se había ido en todo este tiempo. Pero sin embargo asentí, y luego le indiqué la manera más rápida de llegar a la oficina de mi madre. Fumaba mientras manejaba, y cada tanto me miraba y me guiñaba un ojo. En el semáforo puso la mano en mi hombro.

—Siento curiosidad —me dijo—. ¿Crees que te gustaría vivir de esto?

—¿De qué? —le pregunté.

—De algo como lo que yo hago.

—¿Te refieres a hacer películas?

—Films —me dijo.

—Films.

—Así es.

—No lo sé —le respondí.

Él se rió.

—Bueno, yo no lo haría —me dijo—. No si pudiera evitarlo.

—¿A qué te refieres? —le pregunté.

Pero no me respondió. Simplemente sonrió. Cuando el semáforo se puso en verde tiró el cigarrillo por la ventana y me tocó el brazo.

—¿Te encuentras bien? —me preguntó.

—Sí —le dije—. Estoy bien.

Ya era de noche cuando finalmente llegamos al estacionamiento vacío de la firma de abogados de mi madre. Mi padre estacionó justo al lado del edificio, debajo de un árbol de higos, y apagó el motor. Yo pude ver que la luz de la oficina de mi madre, en el segundo piso, todavía estaba encendida, y cuando ella se acercó a la ventana me di cuenta de que mi padre no había venido a hablarle de dinero en absoluto. Ni siquiera parecía querer que ella supiera que estábamos ahí abajo. Se reclinó en su asiento, con la cara escondida en la sombra, y mientras ella estaba ahí parada junto a la ventana, con su pollera azul marino, hablando por teléfono, pude percibir que mi padre no estaba viendo a la exitosa abogada en la que mi madre se había convertido. Estaba mirando a la chica de diecinueve años con la que se había casado, aquella estudiante de arte de Berkeley, la estrella de todos sus films, la única integrante de su equipo durante varios años. En ese momento él se volvió hacia mí y me sonrió. Luego me dijo:

—En tu vida no existirá ninguna tan hermosa como tu madre.

Yo asentí.

—Recuerda eso —me dijo, apoyando la mano en mi hombro—. Si no recuerdas nada más, aunque sea recuerda eso.

Un momento después, mi madre colgó el teléfono, y mientras acomodaba todo en su maletín, pude ver a David entrando en su oficina. Él estaba sosteniendo una pila de papeles, documentos legales supongo, y mientras él caminaba hacia ella, pude ver que mi madre se sentó arriba de su escritorio. Le dijo algo a David y él la abrazó. Vi cómo le pasaba un dedo por su boca. Vi que mi madre sonreía. Luego ella se inclinó y le besó el cuello. Permanecieron así, abrazados, por lo que pareció un largo rato. Yo había dejado de mirar para ese entonces. En cambio, lo miraba a mi padre, cuyo rostro parecía haber perdido todo color. Se estaba mordiendo el labio inferior, y yo tenía miedo de que se largara a llorar. En lugar de eso me dijo:

—Explícame esto, hijo.

Yo me encogí de hombros.

—¿Puedes explicarme esto?

Yo moví mi cabeza.

—No —le dije—. No puedo.

Se frotó la cara, luego bajó su ventanilla y encendió la camioneta. Lo vi mirar hacia la ventana una vez más, y luego ponerse en marcha.

—¿Has visto suficiente? —me preguntó sin mirarme a la cara.

Le dije que sí.

Esa noche, manejando por la carretera que bordea el océano, mi padre me habló como si yo fuera un adulto, como si yo fuera su padre. Me habló como esperando que yo le diera las respuestas de algo que él estaba tratando de descifrar. Pero yo estaba demasiado enojado como para prestarle atención. No estaba enojado por lo que me había hecho ver, sino por hacerme cómplice de su plan. Me preocupaba que mi madre se enterara, y viera mi participación como una traición. Por primera vez en mi vida no quería quedar pegado a él. Por primera vez me encontré a mí mismo deseando que él fuera otra persona, un hombre distinto. Si hubiera sabido eso, quizás habrían pasado años antes de que lo volviera a ver, y lo habría tratado de otra manera. Pero no lo sabía, por eso me quedé mirando el océano, ignorando sus preguntas hasta que finalmente dejó de hacerlas.

Cuando me dejó en casa aquella noche yo me imaginaba que él volvería a su cuarto de hotel junto al océano. Lo imaginaba tomando una cerveza primero y luego yéndose a dormir. Subí a mi habitación y luego al techo, y me quedé allí, escuchando los coyotes. Permanecí ahí un largo rato, y no fue hasta más tarde esa noche, cuando mi madre regresó a casa histérica, en medio de un ataque de nervios, que me di cuenta de que mi padre había regresado a la oficina. Desde el lugar donde estaba, pude escuchar a mi madre llorando mientras entraba a nuestra casa. Bajé corriendo las escaleras hasta la cocina y la encontré sentada en la mesada, con las manos cubriéndole la cara.

—Mamá —dije.

Pero ella no me miraba. La mano izquierda le sangraba a través de una toalla de papel.

—¿Te cortaste?

Ella sacudió la cabeza, mirando hacia abajo.

—Mamá —le dije—. ¿Qué mierda pasó?

Con los años mi madre me contó diferentes versiones de la historia. En una de las versiones, mi padre lo empujó a David y lo amenazó. Pero en otras sugirió que mi padre se había puesto mucho más violento. Años más tarde me contó que la policía había tenido que ir a calmar las cosas, que lo habían sacado a mi padre y habían tenido que llevarlo a David en una ambulancia. Ella sacudía la cabeza. Se detuvo un instante y me miró.

—Es lo peor en el mundo —decía—. Es lo peor del mundo ver a alguien que amas convertido en eso.

Después de esa noche, pasaron muchos años hasta que volví a ver a mi padre. Mi madre me ocultó su paradero hasta que empecé el secundario, explicándome que era un momento complicado y que lo mejor para todos era no verlo por un tiempo. Ahora sé que mi padre pasó un tiempo en el hospital de Los Ángeles, donde le diagnosticaron una depresión severa, y después de eso, en un centro de rehabilitación en Pasadena. En los años siguientes, solo se comunicaba conmigo de vez en cuando —para mis cumpleaños o en Navidad—, pero incluso esas interacciones se volvieron cada vez más esporádicas. No estoy tan enojado con él ahora como lo estuve de adolescente. Y aunque sé que ella todavía se hace responsable, tampoco culpo a mi madre. Lo que sí me molesta es no haber visto nunca el único film que hizo mi padre. Él guarda la copia original en una caja fuerte en algún lugar de Los Ángeles, y a pesar de que en varias oportunidades le pedí que me lo mostrara, nunca quiso hacerlo. Por lo que mi madre me contó, el film habla sobre las creencias espirituales de los indios shoshone, la manera en que ellos creen que el mundo espiritual está conectado con el mundo terrenal, casi coexistiendo, y según ella es el film más impactante que jamás haya visto. En la pared de mi cuarto tengo colgada una foto de mi padre y mi madre juntos, en la noche del estreno. Están parados afuera de un pequeño teatro en New York City y mi padre está señalando unas luces de la marquesina. Es la única vez que recuerdo haber visto a mi padre en un traje, y a mi madre a su lado con un largo vestido de noche. Están abrazados, sonriendo los dos, inclinados levemente hacia el viento, y preparándose para algo que todavía no pueden ver.

azul

ESTA NOCHE LO LLEVO a Azul, nuestro estudiante de intercambio, a la casa de su novio, en la otra punta de la ciudad. Azul ha estado viéndose con este chico Ramón durante los últimos tres meses, y a pesar de que no estoy del todo emocionado con la idea, cada viernes por la noche atravieso toda la ciudad y lo llevo. Azul nunca me habla durante estos viajes, ni siquiera se percata de mi existencia, pero cuando me estaciono cerca del departamento de Ramón comienza a mirarse en el espejo, a peinarse el cabello y a arreglarse la camisa. Me sonríe por un breve momento antes de girar la cabeza hacia la ventana y observar la larga fila de palmeras que bordea la calle. Más de una vez me aclaró que Ramón y él son solo amigos, pero sé por mi mujer, Karen, que eso es solo una fachada, que él y Ramón han estado viéndose de manera romántica por casi un mes.

Yo no lo presiono. Sé que, técnicamente, no ha salido del clóset con sus compañeros de la escuela, y que incluso, si quisiera contármelo, no se sentiría cómodo sacando el tema conmigo.

Es mucho más unido a Karen, a quien ha empezado a llamar "Mamá", y con quien ahora toma un curso de fotografía una vez por semana, por las tardes. Se quedan hasta tarde en la noche, conversando en la cocina, contándose chistes y riendo juntos. A veces siento que Karen se ha vuelto más unida a Azul que a mí. Sin embargo, cuando se trata de llevarlo a la casa de Ramón, siempre es a mí a quien se lo pide. Es el único momento a solas que tenemos, a pesar de que algunas noches, como hoy, está demasiado distraído como para mirarme siquiera.

Esta noche mira abstraído por la ventana, mientras yo cambio de radio hasta dar con una de su agrado.

—Esa —me dice, cuando paso por una estación de radio tecnolatina. Luego sonríe y cabecea al ritmo de la música—. Escucha, Paul.

A veces me pregunto qué pensarían sus padres de estos viajes en auto, de Azul pasando los fines de semana en casa de un chico que ni conocen. Karen y yo peleamos incontables veces por este tema, y a pesar de que yo suelo terminar perdiendo estas peleas, rindiéndome al argumento de Karen de que Azul es lo suficientemente grande, y que, si fuera al revés, si lo estuviera llevando a lo de una chica, yo no tendría problemas con eso. Sin embargo, me genera mis dudas.

—Están a salvo —me aseguró Karen la otra noche, mientras nos acostábamos en la cama. Luego me recordó que nosotros hacíamos lo mismo a su edad—. Tiene dieciocho años —me dice—. Está enamorado —me tomó la mano y la sostuvo—. No es un idiota, Paul.

Ramón Cruz está esperando a la puerta cuando nos detenemos en el pequeño jardín afuera de su casa. Un metro ochenta de alto, larguirucho, Ramón Cruz le saca casi medio metro a

Azul. Azul baja del auto y se dirige hacia él para saludarlo. Se quedan quietos por un momento y luego se abrazan. Azul se da vuelta y me saluda.

—Gracias, Paul —me grita—. Nos hablamos.

—Okey —le respondo. Luego le sonrío a Ramón Cruz, que está parado junto a la puerta. Me mira y asiente. Después pasa su brazo alrededor de Azul y entran en la casa.

Originalmente, fue idea de Karen lo de alojar a un estudiante de intercambio. Decía que sería bueno para nosotros, que al no haber podido tener hijos durante los últimos diez años, eso había generado una distancia entre nosotros, aunque siempre se cuidaba de no echarme la culpa. Sé que en parte me culpa por no haber tenido hijos. Pero también sé que siempre ha sido muy cuidadosa de no echármelo en cara. De todos modos, ya no me molesta. El día que el médico me dijo que nunca iba a poder dejar embarazada a mi esposa me emborraché durante una semana seguida, ambos lo hicimos, y le dije a Karen:

—Puedes dejarme ahora mismo, y nunca te culparé por eso. Puedes dejarme ahora mismo, y nunca pensaré mal de ti.

Sentía en serio cada palabra que dije.

Pero cuando nos fuimos a dormir esa noche, Karen me abrazó, me abrazó como nunca lo había hecho antes, y cuando nos despertamos a la mañana siguiente, ella seguía abrazada a mí.

—No me iré a ningún lado —me dijo, mientras nos acostábamos en medio de la oscuridad de nuestra habitación. Como nunca lo había hecho.

La admiro por haberse quedado conmigo cuando ninguna otra mujer lo hubiera hecho. Siempre la voy a amar por eso. Pero también sé que nunca pudo sacarse de la cabeza la idea de tener hijos. En un momento consideramos la opción de adoptar, pero por alguna razón nunca nos terminó de convencer esa idea. En realidad, no podíamos imaginar la posibilidad de criar a un niño que no fuera nuestro. Por eso me sorprendió tanto cuando la primavera pasada Karen volvió de Rice, donde da clases media jornada, con un pilón de folletos. Los desplegó enfrente de mí sobre la mesada y sonrió.

—Es solo por un año —me dijo—. Podemos tomarlo como una aventura.

—¿Una aventura?

—O por lo menos una distracción.

—¿Una distracción de qué?

Me miró y suspiró.

—Por favor, Paul —me pidió—. Quiero hacer esto.

Esta noche Karen salió con algunos colegas del Departamento de Inglés de Rice, y cuando vuelvo a casa encuentro la casa oscura y vacía. Hace tiempo ansiaba que llegaran estos fines de semana a solas, aunque sé que Karen lo extraña a Azul cuando él no está. Incluso llegó a sugerir que Ramón debía quedarse en nuestra casa algunas veces, sugerencia que Azul siempre responde con una queja.

—Por favor, mamá —suele decir—. ¿Estás *crazy*?

Me sirvo un vaso de whisky con coca cola y salgo al patio junto a la pileta. El aire está cálido y puedo sentir el floreciente aroma de los árboles jacarandá del jardín de nuestros vecinos.

Houston no es lo que solía ser. He vivido aquí el tiempo suficiente como para recordar el auge petrolero, la manera en que el pueblo se convirtió en ciudad de la noche a la mañana, y la manera en que perdió todo el encanto de un momento a otro. No idealizo aquella época, de la forma que lo hacen otras personas, pero algunas veces la extraño. Extraño esa energía en el aire, el optimismo y la esperanza. No era solo el dinero lo que me gustaba. Uno podía sentarse en un bar y un extraño aparecía y te entregaba un billete de cien dólares solo porque le gustaba tu aspecto. Y daba la sensación de que podías ser tú quien la noche siguiente le entregaras un billete de cien a un desconocido.

Estoy pensando en todo eso cuando suena el teléfono y aparece la voz de Karen del otro lado, diciéndome que el auto se ha roto.

—Estoy en Montrose —me dice—. Al lado del museo.

—¿Qué pasó? —le pregunto.

—No lo sé —me responde—. El motor se apagó de repente, y empezó a salir humo.

—¿Humo? —le digo—. ¿Qué clase de humo?

—No lo sé —me dice—. ¿Qué quieres que te diga? Era un humo negro. *Humo* humo.

—Okey —le digo—. Okey.

Hago una pausa y me la imagino a ella parada en la cabina telefónica al otro lado de la ruta. Me la imagino llorando.

—¿Paul? —me dice.

—Sí.

—¿Vienes a buscarme o qué?

Cuando Karen y yo nos conocimos ella acababa de separarse de su primer marido. Él era un académico, uno de los tantos profesores graduados de Yale con los que salió, y durante el primer año en Houston ella le dijo a todos que nunca más volvería a salir con un profesor.

En nuestra primera cita me confesó que amaba el hecho de que yo leyera novelas de misterio y a Tolstói con el mismo entusiasmo. Y también amaba el hecho de que fuera a ver películas de Schwarzenegger y partidos de fútbol, y que no pusiera mala cara cuando alguien pronunciaba mal la palabra *peripatético*.

—Eres tranquilo —me dijo esa noche—. Eres una persona real.

—¿Sería como lo opuesto a "falso"?

—Bueno, eso también —me dijo—. Pero en el buen sentido.

Su primer matrimonio me había parecido tan condenado al fracaso que me costaba prestarle atención cuando me hablaba de eso. Era una competencia constante, me dijo. Había estado todo bien hasta que ella obtuvo el doctorado. Apenas publicó su primer artículo, apenas le ofrecieron su puesto en Rice, su marido dejó de hablarle. Se convirtió en algo horrible, me contó. Él la avergonzaba en público, en fiestas y lecturas. La corregía enfrente de sus colegas, o insinuaba sutilmente los argumentos correctos mientras ella trataba de llegar a explicar algo. Y cuando le salió el trabajo en Rice y él le dijo que no debía ir, ella dejó el Este, lo dejó a él y se mudó a Houston.

Transcurría el primer semestre cuando la conocí en una fiesta, a través de un amigo en común. No recuerdo mucho de la fiesta, pero sí recuerdo que caminamos juntos hacia el auto, y luego, más tarde, apoyados sobre una higuera, borrachos como estábamos, nos besamos debajo de las estrellas.

Un año más tarde ya estábamos viviendo juntos, y al año siguiente nos casamos.

—No volveré a casarme —me dijo la noche de nuestra boda—. Así que es mejor que estés seguro. Porque, te guste o no, estás atrapado conmigo.

—¿Es una amenaza o una promesa? —le pregunté.

—Ambas —me dijo.

Esa noche, cuando regresamos a casa desde el taller, Karen me cuenta sobre Graydon Lear, el nuevo especialista en idioma anglosajón antiguo de su departamento. Me dice que este Graydon Lear tiene un doctorado en Harvard y que tiene más artículos publicados que casi cualquier otra persona del departamento. Me cuenta que solo tiene veintiocho años y que lo trajeron, cree ella, para reemplazarla. Yo la escucho mientras ella me cuenta sobre los logros de Graydon Lear, sus promesas, y la manera en que el resto de los profesores de inglés lo veneran. Luego me dice que el próximo miércoles por la noche Graydon Lear va a dar una lectura sobre su último libro y que tenemos que ir *los dos*. Por lo general, trato de evitar esas salidas —la acompañé a muchas presentaciones de libros en el pasado—, pero esta noche puedo ver que ella necesita mi apoyo, por eso le tomo la mano y le sonrío.

—Okey —le digo—. Lo que tú quieras.

Graydon Lear dicta sus clases vestido con jeans viejos y raídos y en remera, me cuenta después de cenar. Va a los bares con los estudiantes graduados y habla sobre el declive del punk rock durante las horas de oficina. Lo escuchó poniendo sus CD a todo volumen, con la guitarra eléctrica resonando por el pasillo. Y nadie, pero nadie le dice nada.

—Parece un adolescente —le digo.

—Lo es —me contesta ella—. Un adolescente brillante.

El domingo a la noche Azul nos llama desde la casa de Ramón, y Karen maneja hasta River Oaks y lo pasa a buscar. Van a un centro comercial y luego a un pequeño restaurante de la ciudad. Cuando llegan a casa se están riendo, divirtiéndose con un chiste compartido, y Azul se para en la puerta de entrada y desfila con su nueva camisa.

Yo estoy parado junto a la estufa, observándolo, y cuando se da vuelta y me mira, comienza a reírse. Luego se tropieza para atrás y casi se cae.

Yo la miro a Karen y ella se encoge de hombros. Puedo notar que ambos estuvieron bebiendo. Esto se ha convertido en su nueva costumbre. Cada vez que salen, toman. Azul le contó a Karen que en su casa sus padres le dejan beber, entonces Karen decidió que una vez cada tanto está bien que Azul tome algo de vivo en la cena, o un vaso de cerveza después de la escuela. Pero nunca había visto que lo dejara ponerse así antes.

—¿Qué pasa, Paul? —me pregunta Azul, y puedo ver cómo se contiene para no reírse.

Trato de que Karen me mire, pero ella ya está abriendo las bolsas, sacando pantalones y calzoncillos, cinturones y zapatos, pidiéndole a Azul que se los pruebe.

—Todo —le dice—. ¡Quiero que te lo pruebes *todo*!

Azul esboza una sonrisa tímida, hace como que tiene vergüenza, pero enseguida agarra las cosas y desaparece por el pasillo.

Por un segundo Karen y yo estamos a solas, y ella sonríe. Es una sonrisa amable, una sonrisa que dice "relájate". Pero antes de que pueda decir una palabra, yo me dirijo por el pasillo hacia las escaleras.

Más tarde, cuando Karen sube a la habitación, se desviste en la oscuridad, y se mete adentro de las sábanas, a mi lado.

—Me odia —le digo, con su cabeza apoyada en mi pecho—. Sé que me odia.

—No te odia, cariño. Solo te tiene un poco de miedo.

—Bueno, ¿no es lo mismo?

—No —me dice—. No lo es.

La miro.

—Sabes, Paul —retoma—. Está bien relajarse cada tanto. No es un crimen, sabes.

—¿Qué cosa no es un crimen? —le pregunto.

—Ser feliz —me responde, agarrándome la mano—. No es un crimen.

Al día siguiente, por sugerencia de Karen, yo lo llevo a Azul a su clase de fotografía. La excusa es que tiene mucho trabajo que hacer, y si bien puedo ver que a Azul no lo entusiasma mucho la idea de ir sin ella, finalmente cede.

La clase de fotografía se dicta en una pequeña aula del HCC, un colegio local, que está ubicado a un par de cuadras de mi viejo apartamento y de la agencia de publicidad donde trabajo. Cuando llegamos hay alrededor de media docena de personas sentadas en torno a una pequeña mesa de vidrio. El profesor, un hombre mayor, dibuja un diagrama de un lente en el pizarrón y Azul toma nota. El hombre habla de aperturas y medidores de luz, y Azul asiente seriamente. Yo me siento con ellos y observo la nueva cámara Pentax que Karen le compró a Azul el mes pasado.

Después de la clase le pregunto a Azul si tiene ganas de que paremos a cenar en algún lugar de camino a casa. Él se encoge de hombros y me dice:

—Lo que tú quieras, Paul.

No me dirigió la palabra en toda la noche, y estoy empezando a darme cuenta de que solo está haciendo los movimientos por el bien de Karen.

—¿Te gusta la comida vietnamita? —le pregunto mientras nos acercamos a Alabama Avenue.

Se encoge de hombros.
—No lo creo.
—¿Pizza?
Mueve la cabeza.
—Supongo que no tengo tanta hambre.
—¿Y qué tal un trago? —le digo. Va en contra de mi sentido común, pero a pesar de eso empiezo a hablarle de un bar que conozco, un viejo bar en The Heights al que Karen y yo solíamos ir cuando estábamos recién casados.
—Hay una mesa de pool —le comento.
Azul sonríe y luego niega con la cabeza.
—Está bien —me dice—. Pero estoy un poco cansado.
Yo asiento, prendo la radio, y más tarde, mientras entramos en nuestra calle, Azul me toca el hombro y sonríe.
Me dice:
—No tienes que esforzarte tanto, Paul. Me caes bien.

Esa misma noche, cuando estábamos en la cama, Karen me cuenta que encontró una fotografía de Ramón Cruz junto a una pequeña bolsita de marihuana en uno de los cajones del escritorio de Azul. Me dice que se odia a sí misma por andar revisando, pero que no pudo evitarlo.
—¿Qué clase de fotografía? —le pregunto.
—No importa —me contesta, sin embargo, me doy cuenta de que el tipo de foto que encontró la puso mal.
—Quizás deberías olvidarlo, y listo —le digo.
Ella asiente, luego se da vuelta en la cama y suspira.
—¿Alguna vez piensas en sus padres? —me pregunta.
—¿Sus padres? —le digo—. No. La verdad que no.
—Él nunca los llama —me dice—. Son ellos los que siempre

llaman acá. ¿No te parece extraño?

—No lo sé —le digo—. Supongo.

Luego me acuerdo de la foto que nos mostró Azul el día que llegó a nuestra casa, una foto de sus padres en Belice. Su padre, un médico exitoso, parado junto a su madre, una maestra de escuela primaria, ambos delgados y hermosos, devotos de su primer y único hijo. Hablé con su padre solo un par de veces desde entonces, y en las dos ocasiones fue incómodo, con la estática de la señal que ahogaba su voz. La miro a Karen y me doy cuenta de que está sintiendo un poco de la culpa que yo a veces siento cuando lo llevo a Azul en esos largos viajes hasta la casa de Ramón.

—No es tan extraño —le digo, después de un rato—. Piensa en ti a los dieciocho años.

—Por Dios —me dice—. No me lo recuerdes.

—Bueno —digo—. Ese es mi punto.

Me mira y se encoge de hombros.

—Lo sé —me dice—. Pero igual, es extraño.

Azul pasa la noche siguiente en casa de Ramón. Nunca antes lo dejamos quedarse a dormir ahí en días de semana, pero cuando me llama desde la escuela, es difícil decirle que no. Es raro, pareciera como si nunca hubiera querido complacer tanto a alguien como a Azul en este momento. Dice que Ramón lo pasará a buscar por la escuela y yo le respondo que está bien. Luego me dice: "Gracias, Paul", y corta el teléfono.

Cuando Karen regresa a casa dejo pasar casi una hora antes de contárselo.

—Al día siguiente hay escuela —me dice.

—Lo sé.

Estoy esperando que haga un escándalo, pero ella simplemente abre la heladera y saca una botella de vino.

—Está enojado conmigo —me dice—. ¿Te comentó algo al respecto?

—¿Algo sobre qué?

—La marihuana.

—No —le digo—. No lo ha hecho.

Me mira.

—Esta mañana lo confronté.

—¿En serio? ¿Y qué te dijo?

—Bueno, nada —me contesta—. Absolutamente nada. Solo me miró. Me miró y frunció el ceño. Creo que ahora me odia.

—Te ama —le digo, pero ella justo está saliendo por la puerta y no creo que lo oiga.

Esa noche, más tarde, mientras Karen trabaja en los *papers* de sus alumnos, yo voy a la cocina y preparo para nosotros la cena: un plato liviano de salmón y arroz.

Desde la mesada de la cocina puedo ver a mi mujer encorvada sobre los *papers* de sus estudiantes. Hace casi diez años que da clases en Rice, sin embargo, nunca la postularon para un puesto permanente. Están esperando a que termine su libro, una versión revisada y extendida de su tesis de graduación, pero ella no está más cerca de terminar el libro ahora que cuando la conocí. Le echa la culpa a su materia, que es pesada y extensa, y a sus alumnos demandantes, y al excesivo comité de servicio al que la persuadieron. Pero la realidad es que no la he visto sentarse a escribir en ningún momento del año. Tiene miedo, supongo. Miedo de lo que vendrá. Su departamento ya ha estado haciendo recortes y a varios de sus colegas —aquellos que todavía no han publicado nada— les han pedido que se fueran.

—Yo soy la siguiente —me dice—. Soy la última pieza de peso muerto.

—Es una locura —le respondo—. Es disparatado —pero puedo ver que no está del todo segura.

Luego de cenar yo lavo los platos y Karen trabaja en los *papers*. Cuando termino le llevo una taza de café en una bandeja.

—Eres dulce —me dice, mientras apoyo la taza en el escritorio.

—Lo intento —le digo.

—Sé que lo haces —dice.

Me siento al lado suyo en el sillón.

—¿Qué crees que estará haciendo ahora? —me pregunta después de un momento.

—¿Quién?

—Azul. ¿Qué crees que estará haciendo?

—Probablemente esté armando uno bien grande —le digo.

—No es gracioso.

—Tú eres quien lo emborrachó —le recuerdo.

—Tomamos algo de vino con la cena —me dice—. No lo *emborraché*.

Apoyo mi cabeza en su hombro y bajo mi mano por su pierna. No hemos hecho el amor en un mes y pienso: el vino, la música, pero antes de que pueda hacer una jugada, ella se para y vuelve a trabajar en los *papers*.

—Quizás era la marihuana de Ramón —dice luego de un rato, con la mirada fija en el jardín—. Quizás era suya, y Azul solo se la estaba guardando.

En la escuela Azul es popular. Esto lo sé porque Karen me dice que lo es, y porque los chicos como Azul siempre lo son. Con esa apariencia de chico recto aprueba sus clases con facilidad, coquetea con chicas más jóvenes que él y es el número dos del equipo de tenis de varones. A veces, cuando lo paso a buscar por la escuela, lo veo parado en el medio de una ronda de chicas, o al lado de las canchas de tenis, haciendo chistes ingeniosos con chicos más grandes que él, chicos cuyos padres dirigen compañías petroleras y bancos, chicos que creo yo no le dirigirían la palabra si supieran que él pasa los fines de semana en una pequeña casa de estuco con un varón llamado Ramón Cruz.

Azul generalmente está parado junto a estos chicos cuando yo llego, pero hoy está solo. Lo noto molesto, y cuando se sube al auto simplemente enciende la radio y se queda mirando las manos. Quiero decirle algo, romper el hielo, pero parece que no tiene ganas de conversar. Cuando saco el tema de Ramón me dice que ya no se hablan.

—¿Y por qué? —le pregunto.

—Porque es un *faggot* —me responde.

—¿Un qué?

—Un maricón —me dice. Luego baja la mirada.

Más tarde, Karen toca su puerta y yo puedo escucharlos hablar susurrando. Al principio, lo escucho a Azul llorando, y luego a Karen que lo calma. Cuando ella sale, me toma de la mano y me lleva a nuestra habitación. Cierra la puerta detrás de nosotros, se sienta en la cama y me explica en un tono muy suave que Azul y Ramón se separaron.

—¿Está bien él? —le pregunto.

—¿Qué te parece?

Le tomo la mano y por un momento creo que nos vamos a besar. Pero antes de que pueda decir una palabra ella baja la mirada.

—Pensé que podríamos ir al cine hoy —me dice.

—Okey —le contesto—. ¿Qué quieres ver?

—No nosotros —me dice—. Azul y yo.

—Oh —digo—. Okey.

—Creo que necesita distraerse —me dice, y luego mira por la ventana.

—Pensé que él era la distracción —le digo.

—Bueno, lo es —dice—. Pero no esta noche.

Más tarde esa noche, mientras Karen y Azul están en el cine, yo entro al cuarto de Azul y reviso en su escondite. Después de hurgar un poco, encuentro una pequeña bolsita escondida en una esquina de su escritorio. La saco y aparto un puñado.

No he fumado marihuana desde la universidad, y mientras armo un porro en la mesa de la cocina pienso en que es probable que Karen no haya fumado uno en toda su vida. Me imagino su desaprobación mientras camino hacia la pileta y prendo las luces. Luego me meto en el agua y enciendo el porro, y por un momento, yaciendo de espaldas, flotando suavemente debajo de las estrellas, me siento ligero, solo, perdido.

Es idea de Karen dejar que Azul haga una fiesta en casa, y cuando saca el tema en el desayuno, Azul se entusiasma mucho con la idea. Juntos comienzan a armar una lista. Me parece increíble que Karen sepa los nombres de los compañeros de clase de Azul, que sepa a quién invitar y a quién no. Puedo imaginar a mi madre en esa situación, siendo diplomática y justa. "Invita a todos", me diría. ¿Por qué ser cruel? Pero Karen no es ese tipo de madre. "Oh, ella no", dice ella. "Oh, creía que ella no era muy buena". Y en la parte de arriba de la lista de los prohibidos Azul escribió Ramón en letras gruesas y mayúsculas. Lo subrayó dos veces y puso una estrella especial en el margen. Una estrella, me cuenta Karen más tarde, significa *absolutamente no.*

Esa noche Karen se queda en la cama leyendo sus notas para la clase del día siguiente. Nunca la había visto preparar una clase de esa manera. Por lo general, no necesita prepararlas, simplemente va a dar clases y saca un as de la manga, como suele decir. Pero me puedo dar cuenta de que ahora tiene miedo de que todo se termine para ella. Me pregunta qué pienso de sus estudiantes, se preocupa por lo que puedan llegar a escribir en el examen final. Verla reducida a este estado me entristece. Quisiera saber si su temprana partida de este trabajo no será algo bueno, una bendición disfrazada. Si el trabajo la vuelve tan infeliz, pienso, ¿por qué no dejarlo?

Más tarde esa noche, me detengo a la puerta del dormitorio de Azul, y puedo escucharlo hablar con Ramón en voz baja. No puedo descifrar ni una palabra de lo que dicen, pero de alguna manera es reconfortante el solo hecho de estar ahí. De tanto en tanto lo escucho diciendo algunas palabras en español o simplemente susurrando algo, y entonces me acerco un poco más a la puerta. Me imagino que todos los padres pasan por esto alguna vez en sus vidas. Puedo imaginar a mi propio padre, parado afuera de mi habitación, escuchando mis conversaciones con mis amigos sobre todas las chicas con las que nunca saldría. Después de un rato escucho las pisadas de Karen subiendo las escaleras hacia el baño del pasillo.

Cuando yo salgo, un minuto más tarde, ella está parada afuera de la habitación de Azul, escuchando.

Tomo su mano. "Vamos a la cama", le digo.

En la presentación del libro, Graydon Lear está vestido con unos pantalones caquis y una chaqueta deportiva, su pelo largo recogido en una prolija y elegante colita de caballo. Karen me lo señala cuando nos sentamos en un lugar al fondo, luego entrecierra los ojos como diciendo "solo espera". Yo me lo imagino como alguien jovial, que va a ser elocuente e irreverente, pero ni bien empieza a hablar, me quedo impresionado por su tono formal. Él está en el estrado y nos mira a todos como si fuéramos alumnos de su clase.

Como Karen, yo también estudié lengua inglesa en la universidad, y por lo general puedo seguir el hilo y entender dos tercios de lo que se habla en las lecturas a las que me lleva ella, pero esta noche me perdí con la primera palabra. Graydon Lear es sereno y encantador. Hace juegos de palabras inteligentes y bromas oscuras que generan risas en el público, pero cuando termina hay un silencio asombroso, un reconocimiento generalizado de que estamos en presencia de algo grande.

Luego de la lectura, hay una pequeña recepción, y Karen conversa con algunos de sus colegas mientras yo permanezco obedientemente a su lado, metiendo bocadillos y chistes en los momentos apropiados, y asintiendo, o diciendo frases como "muy interesante", o "qué fascinante eso".

Durante el viaje a casa Karen está callada y yo sé en lo que está pensando. Sé que está pensando en la cátedra, y en el hecho de que él no le dirigió la palabra en toda la noche. Sé que está pensando en sus colegas, en la manera en la que la miraron, la forma en que le hablaban con el tono compasivo de quienes están al tanto, de quienes en breve serán portadores de malas noticias. Incluso yo noté todo esto, y creo que es por todo esto que quería que yo la acompañara. Para que sea testigo de su sucesor, y de su caída.

Mientras llegamos a nuestra calle, Karen me dice que espera

que le den la mala noticia la semana siguiente. Que es cuando renuevan los contratos, me dice. Ahí es cuando el hacha caerá.

—Soy demasiado grande como para ser considerada una promesa —me cuenta—. Demasiado grande como para ser considerada una inversión sabia y oportuna.

—Son unos idiotas —le digo—. Cada uno de ellos.

Me mira y sacude la cabeza.

—Solía pensar que era inteligente —me dice—. No brillante, pero inteligente.

—¿Cuánto vino has bebido?

Ella ignora mi pregunta.

—Quiero decir, sé que no soy una idiota. Pero a veces siento que mi cabeza se ha vuelto, no lo sé, blanda.

—¿Blanda?

—Como si hubiera perdido el filo. —Me mira—. Empiezo a divagar —me dice—. A veces en clase un estudiante me habla y yo le miro los labios moverse, pero no escucho ni una palabra de lo que me dice. Estoy ahí, pero a la vez no estoy. ¿Entiendes lo que quiero decir?

—Eres la persona más inteligente que conozco —le digo. Pero me doy cuenta de que no está segura.

Cuando llegamos a casa puedo ver una larga fila de autos estacionados a lo largo de la calle. Son autos bonitos, la clase de autos que mi padre clasificaba como de "trabajos extranjeros". Pude contar tres o cuatro todoterreno antes de que Karen me mirara y suspirara.

—¿Puedes imaginar tener una Land Rover a los diecisiete años? —me dice.

—No —le digo, tomando su mano—. Ni siquiera puedo imaginarme teniendo una Land Rover a los cuarenta y seis.

Adentro de la casa, vemos a un grupo de chicos sentados en el pasillo, tomando cerveza. Algunos nos miran y nos sonríen, pero el resto solo se da vuelta. Azul nos contó que a algunos de sus compañeros sus padres los dejaban tomar alcohol en sus casas. Todos depositaron las llaves de sus autos en un pequeño bol de madera junto a la puerta, y siempre y cuando no intenten irse, sus padres les dejan tomar todo lo que quieran. Karen nunca especificó nuestra política con respecto a la bebida, pero me doy cuenta de que no tiene ganas de hacerlo en este momento. En general, a ninguno de los dos nos gusta hacer de policía, especialmente en lo que concierne a Azul, así que simplemente nos quedamos ahí parados y sonreímos, y luego nos dirigimos al jardín, en donde encontramos a Azul, recostado en una reposera junto a la pileta.

—¡Hola, mamá! —grita cuando nos ve, y luego Karen se acerca a saludarlo. Yo me quedo en la sombra y miro los miro conversar. Puedo decir, por la expresión en el rostro de Karen, que ella no lo está sermoneando con el tema del alcohol. En cambio, parece deprimida, y puedo notar, mientras la observo, que está muy desanimada, desencantada y exhausta con su vida como para decirle a alguien lo que tiene que hacer.

Hay muchas conservadoras con hielo junto a la pileta, y al rato Azul se dirige a una de ellas, y le pasa a Karen una cerveza. Karen abre la lata, se lleva la cerveza a la boca y hace un fondo blanco como una campeona.

Algunos de los chicos que están alrededor de la pileta se empiezan a reír.

—Mierda —grita uno de ellos—. ¡La chica sabe tomar!

Azul pasa su brazo alrededor de Karen, y permanecen un rato

allí, hablando con otros chicos. Yo espero unos minutos más. Estoy esperando una señal de Karen —alguna mirada—, pero nunca me mira, así que después de un rato me doy la vuelta y me meto en la casa.

Adentro, encuentro a dos chicas alrededor de la mesa con una bandeja de shots. Se miran entre ellas y sonríen. Luego, una de las chicas —la más baja— me dice:

—¿Te gustaría tomar uno?

—No, gracias —le digo.

—¿Seguro?

—Sí, seguro.

—¿Eres el papá de Azul? —pregunta la otra—. Bueno, no su padre, me refiero…

—Sí —le digo—. Solo por un año.

Ellas sonríen.

—Estoy en préstamo —les digo, guiñando un ojo.

—Sí, claro —me dice la chica más alta.

Quiero decir algo más, algo que les haga saber que no tengo problema con el hecho de que estén bebiendo en mi cocina. Pero antes de que pueda pronunciar palabra, ellas sonríen, se encogen de hombros y dejan la habitación.

Yo me quedo en la cocina tratando de no sentirme un anciano. Voy a la heladera y descubro que se han llevado botellas de Shiner Bock. Agarro una, luego otra más, y me dirijo escaleras arriba al dormitorio.

Estoy casi temblando cuando me siento al borde de la cama. Me resulta increíble pensar que estoy permitiendo que esto suceda en mi casa. La casa que compré cuando tenía veintiocho años. La casa en la que Karen y yo depositamos nuestros sueldos durante diez años. Me imagino a chicos borrachos tirados en la alfombra persa que compramos el verano pasado, derramando cerveza en el sofá de cuero marrón que adquirimos el otoño anterior. Me sobresalto cada vez que escucho un golpe, seguro de que es una de nuestras sillas antiguas que se quiebra debajo del peso de un jugador de lacrosse de noventa kilos.

Alrededor de las diez de la noche suena el teléfono, y yo puedo escuchar la voz de Ramón al otro lado de la línea. Es raro que llame Ramón a estas horas de la noche, y cuando empiezo a explicarle que hay una fiesta en casa, que Azul organizó la fiesta, me doy cuenta de que estoy un tanto borracho.

—Solo dile que lo llamé —dice Ramón.

—Okey —le contesto. Luego hago una pausa—. Puedo ir a buscarlo ahora.

—No, no pasa nada.

—Él quiere hablarte —le digo, sonando de pronto más interesado de lo que debería.

—¿Cómo? —pregunta Ramón.

—Por qué no vienes —le digo—. A él le gustará verte.

Hay un largo silencio. Al rato Ramón dice:

—No lo sé —luego dice—: ¿Él dijo eso?

Entonces me doy cuenta de que me estoy adelantando, que la realidad es que no tengo la menor idea de si Azul quiere verlo o no. Hago una pausa, quizás demasiado larga, antes de contestar, porque un minuto después Ramón dice:

—Mira, lo llamo mañana, y listo, ¿sí? —Y luego cuelga el teléfono.

De pronto me siento un completo imbécil. Me doy cuenta de que hay por lo menos cincuenta chicos borrachos en mi casa, y que yo estoy sentado en la oscuridad, mitad borracho, tratando de enmendar la vida amorosa de un estudiante de intercambio.

Luego de un rato, camino por el pasillo hasta el cuarto de Azul, esperando encontrarlo allí, pero la habitación está vacía. Vuelvo al cajón y encuentro la marihuana —considerablemente más pequeña ahora—, y rompo otro pedazo. Me llevo un papel de liar al baño del pasillo y me armo un porro. Lo fumo metiendo el humo en mis pulmones, mientras hago correr el agua de la ducha a toda velocidad. Considero la posibilidad de estar desarrollando el hábito de fumar marihuana a los cuarenta y seis años. Al principio me resulta cómico, luego triste, muy triste.

Me miro en el espejo. "Algo no está bien aquí", digo en voz alta.

Luego alguien toca la puerta.

—¿Quién está ahí? —pregunta una chica.

—Solo un segundo.

Fumo una última pitada, tiro la tuca por el inodoro, cierro la ducha, hago gárgaras con enjuague bucal y salgo al pasillo. Me doy cuenta de que la chica puede sentir el olor a cannabis en mi aliento porque me mira y sonríe.

—Ey —me dice—. ¿Tienes un poco más de eso?

—No —le digo—. No tengo.

Abajo en la cocina la encuentro a Karen parada junto a una bandeja de shots, cortando limas. Me apunta con la cuchilla y me dice:

—¡En guardia!

—Estás borracha —le digo.

—Ídem.

Quiero decirle que está equivocada. Que técnicamente estoy drogado, no borracho, pero me doy cuenta de que esta clase de información podría sacarla de sus casillas. Así que en cambio me paro a su lado y sonrío, asumiendo la postura que ella quiere que tenga, y luego de un rato ella me agarra la mano y sonríe.

—Ey —me dice—. Una chica se descompensó en el cantero de azaleas.

—¿En serio? —le digo—. Bueno, dos chicos querían tener sexo en nuestro cuarto.

—¿De verdad?

—Sí.

—Dios mío —dice—. Todo esto está muy mal, ¿no?

—Sí —digo—. Reprochable.

Ella se vuelve a reír. Luego Azul viene a la cocina desde el living, listo para buscar las limas que Karen cortó para los shots de tequila.

—No quiero que nadie se vaya manejando hoy —le digo a Azul.

—De ninguna manera, Paul. —Azul me sonríe y señala el bol con llaves al otro lado de la cocina.

—Buen hombre —le digo, tratando de sonar relajado y jovial. Pero Azul ya está en la puerta y yo me quedo solo con Karen, quien me sonríe y me dice:

—Lo eres.

—¿Qué cosa? —le pregunto.

—Un buen hombre —me dice—. Realmente lo eres.

Después de eso, pierdo noción del tiempo. La fiesta llega a su pico alrededor de la una o dos de la madrugada, y luego, lentamente los chicos —algunos de ellos han traído bolsas de dormir, otros solo mantas— empiezan a echarse a dormir en el piso del living. Está oscuro aquí, y no se ve nada, por eso yo me quedo en la cocina con un chico llamado Talbot, mientras Azul y Karen están sentados alrededor de la pileta con un pequeño grupo de chicas.

Talbot me cuenta de sus notas en los exámenes SAT. Cómo se salteó una de las líneas de la plantilla Scantron del examen, cómo se bloqueó después de esa pregunta. Obtuvo el puntaje más bajo en la historia de la escuela, me dijo, y si bien tiene 4.0 en promedio y 780 en matemática, Stanford le negó la admisión a esa universidad. Está prácticamente llorando para cuando termina de relatarme la historia, y yo no tengo mucho para decirle.

—Mi vida está acabada —dice Talbot—. Tengo dieciocho años y mi vida está acabada.

—Hay otras universidades además de Stanford —le digo.

—No para mí —me dice.

Si no estuviera en este estado en este momento, podría decirle algo más reconfortante, algo más amable. Pero en cambio solo me sale mirarlo y sonreír.

—Bueno —le digo—. Siempre puedes pedir un traslado, sabes. Siempre está esa posibilidad.

—Sí —me dice—. Supongo.

Más tarde esa noche, y mientras yo estoy sentado a la mesa de la cocina, conversando con Talbot, escuchándolo hablar de su exnovia de Dallas, suena el timbre y un momento después aparece Ramón Cruz por la puerta.

Lo miro y le sonrío.

—Me alegro de que hayas decidido venir —le digo.

Él asiente.

Yo le señalo por las puertas corredizas de vidrio el lugar donde está sentado Azul.

—Está allá afuera —le digo.

Ramón asiente de vuelta y luego cruza por la puerta.

—¿Quién era? —me pregunta Talbot ni bien se va Ramón.

—Oh, no era nadie —le contesto—. Solo un amigo de Azul.

—¿Un amigo? —me dice—. Mmm —luego sonríe—. Ey, ¿hay algo entre ellos?

—¿Entre quiénes?

—Entre ese chico y Azul.

—No, no —le digo, tomando un sorbo de cerveza—. No, creo que son solo amigos.

Hubo un breve lapso de tiempo, justo después de enterarnos de que no podíamos tener hijos, en el que yo sospechaba que Karen me era infiel. Fue durante el invierno de ese año. Karen estaba muy ocupada con la universidad, y yo tenía poco trabajo. Algunos días volvía a casa para almorzar, daba vueltas por la casa, miraba la tele, y Karen regresaba tarde por las noches. Sabía que, hacía poco tiempo, había entablado amistad con uno de los profesores nuevos de su departamento, y tenía la sospecha de que algunas noches salían juntos. Me admitió haber ido a tomar un café un par de veces con él, y yo comencé a imaginar que esos cafés se convertían en cenas, y esas cenas en algo más. Una vez lo conocí a él, en un almuerzo en el campus, y no era la clase de hombre por el que uno se puede sentir amenazado. Era considerablemente mayor que Karen, alrededor de sesenta años, y se acababa de separar de su segundo matrimonio. Sin embargo, su presencia en la vida de Karen me molestaba. Llamaba a casa una o dos veces por semana, y Karen atendía el teléfono en su estudio y le hablaba en un susurro silencioso. Luego me contó que él se sentía muy solo, que le costaba asimilar su reciente divorcio, y que ella era la única amiga que él tenía. En ese tiempo no le dije nada. Trataba de ser comprensivo. Era un momento particularmente delicado en nuestro matrimonio y no quería sumar mis propios miedos e inseguridades al tablero. Pero luego, una noche, justo después del receso de primavera, Karen sugirió que lo podíamos invitar a él a un viaje a Galveston, y recuerdo haberle contestado algo hiriente, algo frío y displicente, algo así como que quizás era tiempo de que él se consiguiera nuevos amigos. Entonces Karen me miró, y a pesar de que yo creía que me diría que estaba siendo muy cruel y desalmado, un idiota insensible, ella simplemente asintió —tal vez percibiendo mis celos, tal vez entendiendo mi miedo a perderla—, simplemente asintió, mi hermosa esposa, y dijo: "Bueno, sí, quizás tengas razón".

No sé por qué vuelve este recuerdo a mi cabeza en este preciso momento, pero por alguna razón siento una repentina necesidad de ir al jardín y reclamar a mi mujer. Y mientras me abro paso hacia la puerta, lo que veo, sin embargo, no es a mi esposa, sino a un pequeño grupo de chicas amontonadas alrededor de Azul en el pequeño patio de cemento junto a la pileta. Ellas lo sostienen mientras él pretende estar inconsciente, o muerto, o eso parece, y por un momento pienso que es un juego, uno de los tantos que hacen los adolescentes de ahora. Solo cuando me acerco un poco más y veo la sangre me doy cuenta de que no es un juego en absoluto, y siento que toda esa información me cae de golpe. Hay sangre, una increíble cantidad, por todas partes, y mientras las chicas comienzan a apartarse, puedo ver a mi mujer en el medio del círculo sosteniendo firme a Azul y llorando, y luego comienza a gritar, grita como si quisiera sacar algo de su boca, pero no supiera cómo hacerlo.

—¿Qué pasó? —le pregunto a una de las chicas—. ¿Qué mierda pasó?

Pero siguen mirando a Azul, un poco aturdidas, como si estuvieran viendo algo en una película y no algo que está sucediendo en la vida real, y mientras tanto Azul sigue tirado ahí con los ojos cerrados, blando como un muñeco, y hay un muchacho encima suyo usando su camisa para detener la sangre, esa increíble cantidad de sangre que sigue emanando, por lo que puedo ver, de su cabeza.

—¡Que alguien llame a una maldita ambulancia! —dice uno de los chicos, y luego me mira como si de repente todo fuera mi culpa, por lo que enseguida me doy vuelta y entro a la casa, pero al momento en que llego al teléfono alguien me ganó de mano. Es Talbot que está hablando con una voz frenética al que está del otro lado de la línea. Me mira con algo de pánico, quizás es miedo, pero antes de que pueda decir una palabra o hacer un movimiento, comienzo a correr hacia la despensa en busca de toallas y luego vuelvo corriendo en dirección al patio.

—Usa esto —le digo al chico mientras le paso algunas toallas que él agarra de inmediato y las coloca en la cabeza de Azul haciendo presión para detener la sangre. Para entonces la mayoría de las chicas se han dispersado y otras simplemente se quedaron ahí paradas, mirando, y luego veo a mi mujer que está acostada boca abajo en el jardín. Corro hacia ella, y cuando empiezo a levantarla ella me aparta y comienza a llorar. Se parece casi a un animal en ese momento, algo inhumano y extraño. Los ruidos que hace son ruidos que nunca escuché en otro ser humano.

—¿Qué pasó? —pregunto cuando vuelvo hacia el chico de las toallas, pero él está muy ocupado haciendo presión sobre la cabeza de Azul y no es hasta unos minutos más tarde que me contesta—: Fue ese maldito freak.

—¿Quién? —le pregunto, y luego me doy cuenta de que Ramón

se ha marchado. Miro alrededor del jardín, pero no está por ningún lado.

—¿A dónde se ha ido? —pregunto.

Pero el chico no contesta. Vuelve a poner su atención en Azul.

Luego me vuelve a mirar, me pasa una toalla y yo comienzo a ayudarlo. Trabajamos juntos, los dos, y es solo después de que hemos usado casi todas las toallas, y que la sangre comienza a parar, al menos un poco, que puedo ver que el corte no es tan grande después de todo, por lo menos no es tan grave como pensamos.

—Hola, Paul —me dice Azul cuando logra abrir los ojos—. ¿Qué está pasando? —Intenta levantar un brazo, pero le cuesta.

—¿Cómo estás, campeón?

—No muy bien —me dice. Y luego—: ¿Dónde está Ramón?

—No lo sé —le digo—. Creo que se ha ido.

—¿A dónde se fue? —me pregunta, de pronto, preocupado—. ¿Cómo sabía...? —pero luego se detiene y no termina la oración.

—¿Debería llamar a la policía? —pregunta el chico.

—No lo sé —contesto—. ¿Te pegó? —le pregunto a Azul.

Pero Azul niega con la cabeza.

—Me tropecé —dice.

—Eso es mentira —dice el chico—. Yo vi cómo ese tipo lo empujó.

—Fue mi culpa —dice Azul, firme, y luego cierra los ojos. Puedo sentir sus uñas clavándose en mi brazo, y de repente quiero llorar.

Cuando llegan los paramédicos, unos minutos después, se dirigen hasta donde se encuentra Azul y lo suben a una camilla y luego se acercan a mí y me preguntan lo que ha sucedido, y no sé qué les contesto —estoy hablando tan rápido, y todo el alcohol y la marihuana se mezclan en mis pensamientos—, pero ellos parecen anotar todo, y cuando termino les pregunto qué es lo que va a pasar.

—¿A qué te refieres? —me pregunta el más alto.

—¿Va a estar bien? —le digo.

—Bueno, es difícil de responder —me contesta—. Necesitamos hacer unos exámenes, desde luego, pero ahora es muy pronto para saber.

—¿Qué hay con la sangre?

—¿Qué hay con eso? —me dice.

Me preguntan si estoy lo suficientemente sobrio como para conducir y les contesto que no, ellos asienten y me dicen que puedo viajar en la ambulancia junto a Azul, y le digo que está bien, pero que primero debo ir a buscar a mi esposa, y es entonces que me doy cuenta de que, en medio de todo este caos, le perdí el rastro a Karen. Doy varias vueltas alrededor del jardín, gritando su nombre, suplicándole que venga conmigo, hasta que me doy cuenta de que se ha ido.

Me dirijo al cuarto de herramientas, luego me fijo a los costados de la casa hasta que finalmente la veo en el jardín delantero, parada en la acera, hablando con los paramédicos.

—¿Cómo pudo haber pasado esto? —me dice—. ¿Quién mierda lo invitó a Ramón a la fiesta?

—No lo sé —le digo, y en el fondo le quiero contar la verdad.

—Es que no lo entiendo —repite una y otra vez—. Simplemente no lo entiendo. —Y luego uno de los paramédicos se acerca y nos dice que es momento de partir.

—Uno de ustedes se va a tener que quedar —nos dice—. Solo tenemos espacio para uno.

La miro a Karen y ella asiente.

—Yo —dice y se da la vuelta.

Camino hacia ella y le tomo la mano, y la atraigo hacia mí, y por un momento permanecemos así, abrazándonos uno al otro. "Todo va a estar bien", le digo a mi mujer, "todo va a estar bien". Ella se limita a asentir y puedo sentir su cuerpo temblando en mis brazos, y sé que está pensando en Azul y en qué le va a pasar, y en qué le vamos a decir a sus padres cuando pregunten. Imagino a su padre, parado en la cocina, el eco de su voz distante en la otra línea. "Todo va a estar bien", vuelvo a repetir. Es solo un corte. Pero puedo sentir la rigidez del cuerpo de Karen, toda la tensión en su espalda. Y nos lleva un largo rato, casi varios minutos, darnos vuelta y ver todo lo que hemos hecho.

la teoría de la luz y la materia

NO FUE HASTA EL ÚLTIMO DÍA del semestre que Robert finalmente me habló. Supongo, para ser precisa, que me había hablado antes, dado que él es mi profesor y me ha llamado por mi nombre en clase en otras oportunidades, pero esa fue la primera vez que puedo recordarlo mirándome desde su pequeño escritorio de madera en la parte de adelante del aula y diciendo mi nombre. Estaba nevando ese día y el patio de afuera del aula estaba cubierto de una fina capa de polvo blanco. Los dos estudiantes que habían llegado más temprano ya estaban sentados a sus escritorios, y cuando yo entré en el aula recuerdo que Robert estaba parado frente al pizarrón, repartiendo nuestros exámenes finales. Los exámenes que nos entregó ese día tenían una pequeña ecuación escrita de manera muy prolija en la parte superior de la hoja en blanco. No había ninguna otra marca, indicación o palabra. Horas más tarde, me enteraría del origen de esta ecuación, pero en ese momento entendí que para resolverlo era necesario contar con un nivel de comprensión de la física mil veces superior a la de todos los presentes en el aula. Al cabo de una hora, vi a dos de los estudiantes más brillantes de la clase irse del aula sin entregar su trabajo. Otros tantos simplemente se quedaron mirando a Robert, como esperando que cambiara de opinión. Pero él ni se movió, no hubo ningún gesto de disculpas ni remordimiento. Solo se quedó ahí sentado, leyendo un libro, y cuando la clase terminó, cuando todos se habían marchado, protestando, excepto yo, Robert anunció con su voz suave y gentil que se me había acabado el tiempo.

—Heather —me dijo—. Por favor, baja la lapicera.

Incluso ahora, diez años después, no puedo entender cómo no me fui del aula. En cambio, caminé directo hacia donde estaba él, le entregué mi examen, y me quedé ahí parada, como una tonta, mientras él lo miraba. Supongo que quería que me dijera algo alentador, algo amable, pero luego de revisar mi trabajo por lo que me pareció un largo rato, Robert simplemente se quedó ahí parado, guardó su pequeño cuaderno azul ajado en el bolso y se dirigió hacia la puerta. Y fue justo en ese momento, mientras se ponía el abrigo y empacaba sus cosas, que se dio vuelta, me miró, y con su voz dulce y suave me preguntó si tenía ganas de ir a tomar un té con él. Era mediados de invierno, todo el suelo cubierto con medio metro de nieve, y a pesar de que podría haber considerado su invitación como romántica, no lo hice. Él era un hombre delicado, treinta años mayor que yo, y no parecía ser esa clase de persona que seduce estudiantes universitarios ingenuos para llevarlos a su casa.

—No pasa nada —me sonrió—. No me voy a sentir herido si me dices que no.

—No —le dije mientras me ponía mi abrigo—. Me gustaría ir a tomar un té.

Resultó que no tuvimos que caminar demasiado. La distancia entre el aula y el pequeño departamento que tenía en la ciudad era corta. Y mientras caminábamos con dificultad por entre la nieve y el hielo, él me preguntó por mis finales, cómo me estaba yendo, qué planes tenía para las vacaciones de navidad. Las preguntas, lo supe en ese momento, eran pura formalidad, pero de todos modos apreciaba la atención que ponía en mis respuestas, la manera en que me respondía, siempre considerado. Se notaba que quería hacerme sentir cómoda, y ese hábito suyo de bajar la mirada cada vez que nuestros ojos se encontraban me hacía sentir extrañamente poderosa. Nunca antes habíamos hablado realmente, no afuera de clase, sin embargo, sentía una calma, un calor en la sangre, producto de estar con él. Era el mismo calor que sentía en la presencia de los amigos de mi padre, hombres mayores con los que era fácil hacer chistes, hombres cuya timidez en presencia de una joven y atractiva muchacha los volvía inofensivos.

La casa de Robert era un pequeño departamento de dos dormitorios justo encima de un restaurante coreano cerca de la universidad. Era difícil imaginar que un hombre de su edad, un profesor titular de Física, podría vivir en un lugar así. El living estaba mal iluminado y lleno de moho, la pintura de las paredes estaba manchada y descascarada en algunas partes, y casi no había muebles: algunas bibliotecas repletas de libros viejos, un enorme y antiguo escritorio de roble y algunos cuadros pintados con los dedos en las paredes. Robert se disculpó por el tamaño del departamento y por el desorden explicándome que se acababa de separar de su mujer y que solo estaba alquilando el lugar temporalmente. Las pinturas hechas con los dedos eran de su hija, me contó.

Yo simulaba observar las pinturas con entusiasmo mientras Robert colgaba mi abrigo y caminaba hacia la cocina.

—Supongo que quieres saber —me dijo, mientras ponía la pava a hervir.

—¿Saber qué? —le pregunté.

—Si resolviste bien la ecuación.

—No —le dije—. Ya sé que no.

—¿Cómo puedes estar segura?

—Simplemente lo sé —me encogí de hombros—. La cagué.

Él sonrió.

—Dime, Heather —me dijo—. ¿Siempre usas ese lenguaje con tus profesores?

—No —le respondí—. Solo cuando me invitan a sus casas.

Él se rió.

—¿Por lo menos estaba en el buen camino? —le pregunté.

Sacudió su cabeza.

—Honestamente… —me dijo—. No estabas ni cerca. —Luego sonrió—. ¿Sabes?, me tomó un año completar la ecuación. Dirac mismo tuvo problemas para reproducirla sin la ayuda de las notas.

—¿Entonces qué se te cruzó por la cabeza para tomarnos eso?

Él sonrió.

—La arrogancia es el gran obstáculo de un físico —me dijo mientras sacaba la pava de la hornalla y servía el agua caliente en la tetera de cerámica—. Apenas crees entender, eliminas la oportunidad de descubrir.

—Entonces, si lo hice mal… —le dije—. Quiero decir, si no lo hice bien, ¿por qué me invitaste acá?

Caminó hasta el living y me dio una taza de té.

—Porque eres la única que terminó el examen.

Lo miré.

—Eres la única que lo entregó —me dijo—. Ese era el verdadero examen. Y aprobaste.

—¿Entonces tendré una A?

—No —me dijo—. Tendrás un poco de té.

El resto de la noche nos quedamos en el living conversando sobre física, sobre Dirac y el origen de la ecuación, y sobre nosotros. Robert parecía tener un interés genuino por mi vida, esto es, mi familia, mis amigos y el pequeño pueblo de Connecticut en donde crecí. Y cuando yo le hablaba, sentía un calor que recorría mi pecho, muy diferente al entusiasmo febril de cuando estaba con chicos de mi edad. Era un calor más suave y amplio. Disfrutaba la manera en que me hacía las preguntas, y la manera en que me miraba directo a los ojos cuando yo hablaba. Me trataba igual que a un colega, como a un adulto, un par. Me preguntó por mi infancia y mis padres. Me preguntó por mi temprano interés en la física y por mis estudios en detalle, y enseguida me encontré a mí misma relajada, contándole historias sobre mi madre y sobre cómo estábamos atravesando una época de no hablarnos la una a la otra, sobre mi decisión de no ir a casa para las fiestas, sobre mi exnovio, Alex Fader, con quien una vez creí que me iba a casar, pero que ahora no podía tener una conversación de más de cinco palabras por teléfono. Estaba cálido en su departamento. La parte interna de las ventanas estaban cubiertas de vapor, y solo me interrumpió una vez para bajar la calefacción y poner una grabación muy extraña de Glenn Gould, una cinta que le había regalado un viejo compañero del MIT. Mientras escuchábamos la música, Robert me contó que muchos de sus compañeros habían dejado de hacer investigación, que algunos daban clases, como él, y que el resto había tomado trabajos en el gobierno o en el mundo financiero. "A medida que envejeces", me explicó, "es fácil desilusionarse con las paradojas. Cuando eres joven son un desafío. Pero cuando eres viejo, simplemente se convierten en algo frustrante". "Para todo físico", me dijo, "hay un punto en el que te das cuenta de que hay un nivel de pensamiento superior, un nivel que nunca entenderás". "Incluso los grandes físicos", dijo, "como Bohr, llegaron a ese punto". "Es como la música", me dijo. "El talento y la práctica te pueden llevar lejos. Pero muy pocos pueden hacer esto". Hizo una pausa para escuchar el sonido frenético de la música de Gould. Arpegios ascendentes, crescendos quebrados. "¿Ves lo que quiero decir?".

Yo asentí.

—Es por eso que nos diste esa ecuación.

—Sí —me dijo—. Por eso les di esa ecuación.

—Y esa es la razón por la que me invitaste a tu casa.

—Sí —me dijo—. Supongo que sí.

Sonrió débilmente, y de pronto, bajo la luz tenue de su departamento ya no se parecía en nada al profesor confiado que había sido durante el seminario. En cambio, parecía un hombre viejo y un poco solitario. Se paró para cambiar la cinta, y mientras se agachaba sobre el equipo de música yo le dije con un tono de voz de disculpa que ya tenía planes para la cena. Sabía que mi amiga ya se había olvidado hacía rato de nuestros planes, pero sentí de repente la necesidad de evitar la incomodidad de la noche. Robert sonrió y asintió, y más tarde, cuando nos paramos frente a la puerta, me ayudó con mi abrigo.

—Me gustaría volver a verte, Heather —me dijo.

Yo hice una breve pausa antes de caminar hacia el pasillo.

—A mí también me gustaría eso —le contesté.

Para ese entonces, yo vivía en la residencia universitaria que quedaba al este del campus. Como la mayoría de los estudiantes de Brown, las chicas de mi pasillo parecían provenir de familias privilegiadas de Nueva Inglaterra. Habían cultivado un estilo de activistas improvisadas, fumaban mucha marihuana, rara vez se bañaban, subsistían a base de cuscús y habas y tenían sus BMW bien escondidos detrás de los dormis. Casi todas las noches hacían fiestas ruidosas en sus habitaciones, y a pesar de que rara vez asistía a esas reuniones, fue en una de esas fiestas que conocí a mi actual marido, Colin, con quien empecé a salir un mes después de haber empezado el siguiente semestre. Para ese momento Colin estaba terminando de cursar sus estudios iniciales en medicina. Era un chico de clase alta y también una celebridad en el campus, un nadador que a menudo aparecía en el diario de la universidad con su foto en la portada, tras haber ganado alguna competencia de natación. En retrospectiva, Colin era todo lo que Robert no era, es decir, joven y atractivo, descaradamente obstinado, y con una mirada optimista sobre el mundo. Quería ayudar a la gente, me dijo la primera vez que salimos, y cuando dijo esto, con una voz dulce y seria, le creí.

Estábamos sentados en un restaurante etíope del centro, frente a la callecita llena de bares a los que todos solían ir por las noches. Nos habíamos conocido la noche anterior en la fiesta, y al día siguiente por la mañana, me llamó para invitarme a cenar. Más adelante, contaría otra versión de esa historia a nuestros amigos. Diría que fui yo quien lo invitó a salir a él, y cada vez que la contaba, yo me enamoraba más de él. Pero, si en efecto fui yo quien lo invitó a salir, no lo recuerdo. Estaba bastante borracha aquella noche, y a la mañana siguiente, cuando me llamó para recordarme nuestros planes, tuvo que repetirme su nombre varias veces hasta que finalmente me acordé de quién era.

Resultó ser una agradable sorpresa aquella noche. Él era alto, de hombros anchos, con la piel pecosa, propio de alguien que pasa veranos enteros bajo el sol. Era encantador de una manera infantil, y cuando yo le hablaba él sonreía y parecía genuinamente interesado en todo lo que salía de mi boca. Mientras comíamos cordero al curry con vino me dijo que yo era una de las personas más inteligentes que jamás había conocido. Lo dijo en un tono serio —al igual que el resto de las cosas—, y yo me sonrojé y le dije que no me conocía muy bien todavía. Más tarde, cuando caminábamos por la calle en dirección a uno de los bares de la zona, dejé que me tomara de la mano, y un rato después, lo seguí hasta su departamento donde nos besamos silenciosamente en su sofá, mientras su compañero de cuarto dormía profundamente al otro lado del pasillo. Ambos estábamos un poco borrachos, y después de un rato Colin se quedó dormido en mi regazo. Todavía recuerdo cómo se veía su cara esa noche, cómo estuve por mucho tiempo sentada allí en la oscuridad, en ese departamento diminuto, tocando su cabello, sin querer irme.

Durante las semanas siguientes Colin me llevó a ver lucha libre, partidos de hockey, y a distintos bares del centro. Yo siempre iba a verlo a sus competencias de natación y me sentaba en el sector especial reservado para familiares y novias. No me acosté con él en todo ese tiempo, pero lo dejaba venir a mi cuarto por las noches, después de sus prácticas de natación. Todavía apestando a cloro, se metía en la cama conmigo, con su pelo húmedo y erizado, y la piel roja en algunas partes. Era una persona dulce, y todavía lo es, pero incluso entonces era un amante rudo, y cuando me tocaba por debajo del camisón y presionaba su cuerpo contra el mío yo no me sentía preparada.

No era que me sintiera incómoda con él. Solo que la intensidad de sus sentimientos hacia mí me asustaban un poco. "Creo que me estoy enamorando de vos", me susurraba al oído mientras me apretaba contra su cuerpo, y yo lo besaba hasta que finalmente dejaba de hablar. Más tarde, mientras Colin dormía, yo me apoyaba sobre mi codo y lo observaba. Su rostro siempre se veía tan tierno y humilde en esos momentos. Entonces yo supe, bajo la luz tenue del dormitorio, que un día me casaría con él. Es un sentimiento muy diferente al de darse cuenta de que estás enamorado de alguien. No sabía si estaba enamorada de él. Pero mientras lo observaba dormir comprendí que podía pasar el resto de mi vida con él. Podía criar una familia con él y envejecer a su lado. Podía hacer todas esas cosas, me di cuenta, y no sentirme infeliz.

Ya había transcurrido casi un mes del nuevo semestre hasta que volví a tener noticias de Robert. No me había olvidado de él ni de la noche que estuvimos juntos en su departamento. Pero cuando me llamó una noche a finales del mes recuerdo haberme sorprendido por el sonido de su voz. Parecía más profunda y suave de lo que recordaba. Me hizo acordar por un momento a la voz de mi padre, cuando solía llamarme durante el primer año que estuve lejos de casa.

—Me gustaría mostrarte a Eisenstein —me dijo.

—Eisenstein —dije—. ¿Es un físico?

—No —se rió—. Un director de cine.

Me quedé callada un momento.

—¿Te gustan las películas, Heather?

Le contesté que sí.

—Maravilloso —me dijo—. Entonces es una cita.

En verdad, la decisión de verlo a Robert no me costó. Había estado pensando en él desde aquella tarde de diciembre, y a pesar de que no tenía ninguna intención de contarle a Colin sobre nuestro encuentro, tampoco sentía que estuviera haciendo algo malo. Sabía que si Colin nos veía un día a Robert y a mí en la calle no pensaría nada malo. Ese pensamiento estaba solo en mi cabeza, y quizás en mi corazón, y lo consideraba como una traición.

El film que me llevó a ver Robert era *El acorazado Potemkin*, una película rusa de guerra de 1925. La proyectaban en una pequeña sala cerca del campus, y después de cenar fui caminando hasta el centro y nos encontramos en la boletería. Cuando terminó la película, Robert me invitó a su departamento en Durant Street, y me sirvió vino y nos sentamos en la cocina a conversar sobre la película. No me había gustado mucho la película y Robert movió la cabeza y me dijo que eso era porque estaba acostumbrada a ver películas en donde no había que pensar. El arte era algo para lo que se tenía que *trabajar*, afirmaba él. De todos modos, sonreía cuando yo criticaba la película. Yo le conté que, en un momento dado, durante una de las escenas de batalla, pude ver a un camarógrafo parado al fondo de una toma, y más tarde, en otra escena, la resolución era tan mala que pensé que la película había terminado. Robert se rió y sacudió la cabeza, luego se levantó y anunció que, a partir de ese momento, estaba profundamente decepcionado conmigo. Su cara estaba ruborizada, y me hizo sentir que confiaba lo suficiente en mí como para emborracharse en mi presencia. Esta era nuestra primera cita oficial, y la segunda vez que estábamos juntos solos, y, sin embargo, recuerdo esa sensación de alivio que me generaba su presencia, una calma, como si lo conociera de un modo muy profundo, de toda la vida. Y también recuerdo el estremecimiento secreto de estar sentada al lado suyo en la pequeña cocina, tomando vino y riendo. Charlamos hasta muy tarde esa noche. No recuerdo mucho lo que dijimos. Hablamos mayormente de física y de sus estudios iniciales. Pero lo que sí recuerdo es que, en un momento dado, luego de varias copas de vino, Robert sugirió que debíamos hacer un ritual de estos encuentros. Dijo que podíamos pensar en esto como una especie de estudio independiente. Él me enseñaría física y yo le contaría sobre mi vida.

—Temo que mi vida no es muy interesante —le dije.

Robert se rió.

—Me cuesta creerlo, Heather —me dijo, inclinándose para rellenar mi copa.

—Tengo un novio, sabes —le dije.

—Nunca supuse lo contrario.

—Va en serio —continué—. Quiero decir, nos gustamos mucho.

Robert sonrió.

—Estoy feliz por ti.

Yo lo miré, esperando encontrar en su rostro algún signo de desilusión, pero él simplemente parecía contento.

—¿Sabes qué edad tengo, Heather? —me preguntó.

Lo miré.

—Probablemente sea más grande que tu padre.

—No quería decir eso.

—Me gusta conversar contigo —continuó, como si no me hubiera escuchado—. Eso es todo. Disfruto de estas conversaciones que tenemos. Y creo que tú también.

Yo asentí.

—¿Entonces? —me dijo.

—Entonces, ¿cuándo puedo volver a verte? —le pregunté.

Robert metió su mano en el bolsillo, luego sacó una llave de su llavero y me la pasó.

—Cuando quieras —me sonrió.

Más tarde esa noche, cuando volvía de lo de Robert, Colin me estaba esperando en el pasillo, afuera de mi habitación. Estaba vestido con su uniforme de natación y estaba leyendo un libro. Cuando me vio llegar se levantó y sonrió. Pude ver en sus ojos que estaba preocupado por mí, preguntándose dónde había estado, y cuando tomó mi mano sin decir una palabra y me besó contra la pared, me di cuenta de la dimensión del amor y el miedo que sentía por mí. Supe que me habría esperado toda la noche si era necesario, y que mi regreso le habría generado no solo alivio, sino también la convicción de sus sentimientos por mí. Si sospechaba algo, que yo creo que lo hacía, nunca dijo una palabra. Apoyó su cabeza en mi cuello y luego lo tomé de la mano y lo llevé hasta mi cuarto. Quizás por haberme esperado fielmente, o porque nunca me preguntó dónde había estado, o quizás porque cuando me abrazó me di cuenta de que yo también lo amaba, tanto como podía amar a cualquier hombre, quizás por todo eso dejé que me hiciera el amor esa noche. Me desvestí lentamente y me acosté junto a él en la cama, y mientras me penetraba por primera vez, sentía que acababa de abrir un agujero en mi vida —un agujero del tamaño y forma exacta de Colin—, y nada en la intrincada fábrica de mi futuro volvería a ser igual.

Robert y yo hicimos un acuerdo informal para vernos una vez por semana en su departamento de Durant Street. Por un largo tiempo hablamos exclusivamente de física durante esos encuentros.

Cada semana Robert me contaba la historia de uno de sus héroes, y cada semana yo lo escuchaba. Se ponía serio cuando hablaba de Einstein, reverencial cuando discutía el trabajo de Niels Bohr y Heisenberg. Pero no era por las historias de Robert que yo iba a su casa. Iba porque me sentía más cómoda en los confines de su pequeño departamento de lo que me había sentido en toda mi vida. Y durante las noches, sentada en su sofá, me preguntaba si alguna vez nuestra amistad se convertiría en algo más. No tenía idea de si Robert siquiera quería eso. Pero a veces, sentados juntos en el sofá, notaba que nuestras piernas se tocaban, apenas, y otras veces, mientras contaba una historia, me agarraba la mano. La sostenía por un momento y luego la dejaba ir. Sabía que en su juventud había sido un hombre atractivo. Vi fotos suyas en el departamento, también fotos de él y su esposa juntos, cuando estaban recién casados y vivían en Copenhague. Pero era difícil asociar al hombre de las fotos con el hombre en que se había convertido Robert. Algunas noches, sentados ahí, me descubría a mí misma observándolo, tratando de imaginar hacía cuánto que no se acostaba con una mujer.

A medida que pasaba el tiempo, mis encuentros con Robert se convirtieron en algo más frecuente, y comencé a desearlos con la misma intensidad con la que no deseaba encontrarme con Colin. Empecé a ver a Robert una o dos noches por semana, mientras Colin estaba en el trabajo o en la biblioteca, escribiendo un paper. Si Colin sospechaba algo, no lo demostraba. Y si encontrarme con Robert significaba una infidelidad hacia Colin, yo no me permitía creerlo. Esa primavera me sentía más liberada, y en retrospectiva creo que no era consciente de lo que estaba haciendo. Para ese entonces, Robert y yo ya habíamos abandonado las charlas sobre física. En cambio, pasamos a hablar sobre detalles íntimos de nuestras vidas: amantes que nos habían traicionado, amantes a los que nosotros habíamos traicionado, momentos de nuestra infancia muy vergonzosos como para recordar. Había una libertad para hablar, la libertad de sentir que todo lo que dijéramos en esa habitación no saldría nunca de ahí. Y es por eso que yo podía hablar con Robert sobre cosas que nunca podría haberle siquiera mencionado a Colin. Podía decir cualquier cosa, por más absurda o embarazosa que fuera, porque parecía que cualquier cosa que nos dijéramos ahí no tenía repercusión en el mundo exterior. Robert sonreía cuando yo le confesaba las fantasías que solía tener cuando era más joven, fantasías que involucraban a amigos de mi padre, profesores de la escuela; siempre hombres mayores. Supongo que desde que era chica tenía esos impulsos, y creo que trataba de decirle algo, confesándole todas esas cosas. Pero él nunca se aprovechó de esa oportunidad, como podría haberlo hecho. En cambio, se reía de mi lascivia preadolescente y negaba con la cabeza.

—¿Alguna vez amaste a alguno de esos hombres? —me preguntó una noche, mientras estábamos sentados en el sofá.

—¿A esos hombres? —Lo miré—. ¿Me estás preguntando si alguna vez me enamoré de un hombre mayor?

—Sí —me dijo—. Supongo que sí.

Hice una breve pausa, como pensando en la pregunta. Luego lo miré a los ojos y le dije que sí, un sí deliberado y directo, como lo había sido su pregunta.

Robert sonrió.

—¿Qué hay de ti? —le dije—. ¿Alguna vez te enamoraste de una mujer más joven?

—Oh —sonrió—. Creo que alguna vez. —Me guiñó un ojo. Luego terminó su vino y se levantó para cambiar de tema.

Eso fue lo más cerca que estuvo de coquetear conmigo. Creo que no tenía intenciones de que fuéramos más lejos. Después de todo, esa no era la clase de coqueteo que se podía considerar como juego previo. Supongo que solo quería que yo supiera que él me amaba, y si bien una parte mía quería que él hiciera algo en ese momento —que me agarrara la mano, que me besara—, no creo que él tuviera ninguna intención de hacer una jugada. De hecho, creo que Robert se sentía igual de culpable que yo por nuestra relación. Y su resistencia a llevar nuestra amistad al siguiente nivel seguro provenía de un miedo profundo, un miedo del que tiempo más tarde yo lo culparía por haberlo tenido. Recuerdo una noche, sentados en el sofá, en la que yo le conté sobre la nueva casa de mis padres. La historia no era muy interesante, y me di cuenta de que al cabo de un rato él me había dejado de escuchar. Cuando finalmente terminé de hablar, él suspiró. Luego me miró, con una expresión triste y me dijo:

—Temo que un día me odies por esto, Heather.

—¿Por qué?

—Por estos encuentros —me dijo—. Temo que un día mires para atrás y me odies.

Yo lo miré.

—¿Sabes lo que pienso, Robert? —le dije, tocando su mano—. Pienso que no.

A veces, cuando estaba sola, caminando por el campus o sentada en la biblioteca, me imaginaba que le contaba a Colin sobre mis encuentros con Robert. Me imaginaba cómo se vería su cara y en mi cabeza me preparaba una respuesta. Pero cualquiera fuera la excusa que se me ocurría, nunca parecía del todo creíble. Parecía imposible tratar de explicar algo que ni siquiera yo misma podía entender. Colin, a pesar de su agenda complicada, era un novio muy dedicado. Me llevaba a comer afuera una o dos veces por semana, y durante los fines de semana, manejaba hasta Newport, a la playa y al barrio residencial. Para ese entonces, Colin hablaba seguido sobre nuestro futuro juntos, sobre cómo sería nuestra vida después de su graduación, en mayo. Partiría a la universidad de medicina, y a mí me faltaría un año más para terminar. Parecía una elección sencilla para ambos. Nos casaríamos. Eso era algo que los dos habíamos aceptado, pero nunca hablado formalmente.

—Quiero pasar el resto de mi vida contigo —me dijo Colin una noche, mientras volvíamos manejando de la costa. Fue la primera y única vez que mencionó el tema.

—Yo también quiero eso —le aseguré.

—¿De verdad?

—Sí.

Sonrió.

—Me alegro —me dijo.

Luego me tocó la mano y yo sonreí, a pesar de que me asustaba un poco ver cuánto me necesitaba él en ese momento.

Más tarde esa noche, acostados en la cama, le dije:

—Pareces tan sorprendido. —Él ya estaba hablando de la casa que tendríamos algún día, eligiendo los nombres de nuestros hijos.

—Sorprendido no —me dijo—. Feliz.

Durante esa primavera seguí acompañando a Colin a sus competencias de natación, cuando eran locales, pero cuando competían afuera de la ciudad trataba de evitarlo, diciéndole que estaba exhausta, para poder verlo a Robert. Luego de que Colin partiera, yo le dejaba mensajes a Robert en el contestador de su oficina, diciéndole que nos encontráramos en su departamento.

Y al rato me iba hasta su casa y entraba por mi cuenta con la llave que me había dado y me quedaba sola en el sillón, esperándolo. Algunas veces Robert ni siquiera venía, y yo asumía que era porque había ido a cenar con su esposa y su hija. Pero otras noches, cuando él llegaba muy tarde y yo ya estaba dormida, él simplemente se sentaba al lado mío en el sillón, muy silencioso, y sin decir una palabra esperaba a que yo me despertara.

Técnicamente, nuestra relación violaba la estricta política de la universidad de no involucramiento, y a Robert a veces le gustaba recordarme que podrían echarlo por mi culpa. "Podría perderlo todo por culpa tuya", me decía. "Si el decano entrara en este mismo momento aquí y te viera en mi sofá, me haría empacar las cosas y me mandaría muy lejos". Pero cuando decía esto, lo hacía siempre con una sonrisa, como si nuestro secreto le diera algún placer.

Traigo esto a colación solo porque fue durante un miércoles, varios meses después de nuestro primer encuentro, que Robert sugirió que saliéramos a tomar un trago. No habíamos vuelto a salir desde aquella noche en que fuimos al cine, por eso su propuesta me tomó por sorpresa. Siempre pensé que le daba miedo que nos cruzáramos con sus colegas, o su mujer, o incluso algún estudiante de nuestra clase. Pero esa noche Robert simplemente se paró, encendió un cigarrillo y dijo:

—Necesito un trago, Heather. Esta noche necesito un trago.

—Entonces, Robert... —le dije imitando su voz—. Un trago tendrás.

—Maravilloso —me dijo—. ¿A dónde podemos ir?

—Tu elección —le contesté.

—Mi elección —repitió, sonriendo. Miró por la ventana hacia

el cielo que se oscurecía a la distancia—. Muy bien entonces —dijo—. Conozco exactamente el lugar.

El bar al que fuimos era un viejo pub que quedaba a la vuelta de su departamento. Yo había estado ahí una o dos veces antes con Colin y algunos de sus amigos. Era un lugar pequeño, poco iluminado, con una mesa de pool y algunos tableros de dardos sobre las paredes. Robert me contó que le gustaba ese lugar porque ahí servían un tipo de cerveza que él solía tomar en Copenhague. Pero esa noche no tomamos cerveza. Tomamos whisky, varios vasos, y no fue hasta el tercer vaso que yo me incliné sobre la mesa y tomé su mano. No sé, incluso ahora, de dónde me vino ese impulso. Supongo que quería que él supiera que yo sentía lo mismo que él sentía por mí, y a pesar de que creo que lo puso un poco incómodo, no me soltó la mano. Entonces nos quedamos tomados de las manos, hablando hasta tarde en la noche —sobre física, sobre su mujer, su separación, sobre el tiempo que vivió en Copenhague—, y no fue hasta más tarde en la noche que miré alrededor del bar y pude distinguir la inconfundible forma de la espalda de Colin al fondo del bar. No estaba solo. Estaba con ocho o nueve amigos de su equipo de natación, todos vestidos con el uniforme del equipo y el cabello todavía húmedo. Estaban amontonados alrededor del televisor en la otra punta del bar, y cuando los vi se me congeló todo el cuerpo. Y fue en ese preciso momento, el momento en que yo caía en lo que estaba sucediendo, que Colin se dio vuelta hacia donde estaba su amigo, miró a su alrededor, y nos vio. Todavía puedo recordar su mirada: una parte de asombro y otra parte de miedo. Nuestros ojos se cruzaron un instante, hasta que él apartó la mirada. Quizás, si yo hubiera estado sentada enfrente de Robert, en vez de al lado suyo, o si hubiéramos estado bebiendo té en vez de whisky, o si no hubiéramos estado tomados de la mano, como lo estábamos en ese momento, Colin simplemente habría venido a saludarnos. En cambio, nos vio a los dos sentados juntos, en una cabina, medio borrachos, tomados de la mano, y eso se veía feo, y de pronto tomé consciencia de todo eso.

Quizás fue un gesto noble el que Colin no se acercara hasta nuestra mesa en ese momento e hiciera una escena, porque lo que hizo, en cambio, fue quedarse ahí donde estaba, fingiendo que no había pasado nada, y dándole a Robert la oportunidad de irse. Parece extraño ahora. Pero en esos pocos segundos, ni siquiera le tuve que decir nada a Robert. Simplemente lo vio en mi cara, en mi expresión, el momento en que reconocí a Colin, y supo, apenas le solté la mano, que quería que se fuera. Se levantó, sonrió, y luego caminó hacia la puerta sin decir una palabra. Colin, sentado en el bar, lo vio partir, lo siguió con la mirada mientras caminaba por la calle y luego se acercó y se paró frente a mí. Estaba esperando que yo dijera algo, estaba esperando una explicación, una excusa, pero en ese momento no se me ocurrió nada. En cambio, solo pude mirar para abajo. Al otro lado del bar podía escuchar a sus amigos, amontonados con jarras de cerveza a su alrededor, haciendo chistes y riendo.

—Tenemos que hablar —me dijo Colin.

Yo asentí sin mirarlo.

—Tenemos que hablar —insistió Colin—. Ahora mismo.

Me pasé todo el camino de vuelta a casa lamentando casi todo lo que había hecho con Robert, y pensando de qué manera podía explicárselo a Colin. Parecía casi ridículo que me sintiera así de culpable. Después de todo, no había nada que ocultar. Era una relación de amistad, nada más. Pero también sabía cómo se veía. Y sabía que Colin nunca entendería por qué se lo ocultaba. Mientras llegábamos a la calle donde vivía Colin yo me preparaba para lo que se venía. Pero Colin ni siquiera levantó la voz. De hecho, simplemente se quedó sentado un largo rato, sin decir nada. Estacionamos en la calle frente a su departamento, y mientras estábamos en el auto, con la calefacción encendida, me miró muy seriamente y me dijo:

—¿Te estás acostando con él?

—Por dios, Colin. Claro que no me estoy acostando con él.

—No entiendo por qué me mentiste —me dijo—. ¿Por qué me dijiste que ibas al cine?

—No lo sé —le contesté—. Simplemente no quería que te preocuparas.

—¿Por qué iba a preocuparme? —me preguntó—. Si no pasaba nada con él, ¿por qué iba a preocuparme?

—No lo sé —le dije—. ¿Podemos entrar por favor?

—¿Cada cuánto se ven?

—No muy seguido —le mentí—. Muy de vez en cuando. Somos solo amigos. Vamos, Colin. Tiene el doble de mi edad.

Pero podía ver que él no estaba convencido.

Estuve tentada en ese momento de contarle todo, de admitirle que nos encontrábamos con regularidad y que charlábamos. Que de alguna manera lo amaba a Robert tanto como a él, que me di cuenta de que en ese momento era así. Pero no le dije nada de esto. En cambio, solo lo besé esperando que el beso borrara todo, pero él se movió para atrás.

—Me voy a caminar —me dijo.

Yo asentí con la cabeza y luego ambos salimos del auto y yo me fui a mi cuarto, y Colin se marchó en la dirección contraria, hacia el centro. Pasé la mayor parte de la noche llorando, preocupada de haber arruinado las cosas con Colin para siempre, y sintiéndome triste porque iba a tener que terminar mi relación con Robert. Colin regresó a la habitación alrededor de las dos de la mañana. Tenía su propia llave y me despertó tocándome el hombro. Estaba oscura la habitación, pero pude ver que estaba completamente vestido y arrodillado en el piso, junto a mi cama. Olía a cerveza.

—Quiero que me prometas algo —me dijo.

—Lo que sea —le contesté.

—No me importa lo que hayas hecho. Ni siquiera quiero saberlo. Pero quiero que me prometas que no lo volverás a ver.

—Te lo prometo —le dije.

—No tienes que decirme eso —me contestó.

—Lo sé —le respondí.

Él asintió. Luego se levantó y se fue. No lo volví a ver en varios días. Decidí darle tiempo y esperar a que él me llamara, cuando estuviera preparado. Y cuando lo hizo, estaba calmo y dulce como si nada hubiera pasado. Nunca más volvimos a hablar del tema.

En perspectiva, parece como si me hubiera sumergido en una depresión después de esa noche, pero creo que simplemente me resigné a lo que se estaba convirtiendo mi vida. Mi madre había sido la esposa de un doctor, y ahora, por lo visto, yo también sería la esposa de un doctor. Había sido mi temor más grande de chica, pero ahora ya no me asustaba. Pero tampoco me entusiasmaba. Simplemente parecía algo inevitable, y cuando algo parece inevitable puedes elegir aceptarlo o puedes ser fuerte y luchar contra eso. Y yo no estaba tan centrada como para luchar contra eso. A Colin ya lo habían aceptado en la universidad de medicina para ese entonces, y yo había accedido a ir con él a Baltimore en mayo. El verano siguiente nos casaríamos. Las semanas pasaron, y lentamente se hizo evidente que mi vida estaba cambiando. Me di cuenta de que desde ese momento no tendría que preocuparme nunca más por la plata, por lo menos no en el largo plazo. Colin era brillante y ambicioso, y yo sabía que se convertiría en un excelente médico, y a cambio, yo tendría tiempo libre para hacer lo que quisiera. Podía trabajar o no trabajar. Podía pasar mis días leyendo sobre física molecular y formulando teorías de las que nadie se enteraría. Supe, incluso entonces, que Colin no esperaba mucho de mí, y como consecuencia, yo empecé a esperar poco de mí también.

Como resultó ser, vi a Robert una vez más. Pensé en escribirle una carta, pero habría sido muy difícil escribir una carta así. Quería explicárselo en persona, así que pasé por su casa una noche después de clases. Colin estaba en su práctica de natación y no volvería a casa hasta dentro de varias horas, así que cuando pasé por lo de Robert en mi vuelta a casa, simplemente subí las escaleras y toqué la puerta.

Robert sonrió cuando me vio. Se veía cansado, sobrepasado de trabajo, lo seguí adentro y me senté en el sillón delante de él, pero no pude hacer nada de lo que había ido a hacer. En cambio, solo me senté ahí.

Después de un silencio largo, Robert me tomó la mano.

—No puedes verme nunca más —me dijo—. Eso es lo que has venido a decirme.

Lo miré.

Él asintió.

—Entiendo —me dijo.

—Lo siento —le contesté.

—No hace falta disculparse —me dijo.

—Creo que me voy a casar con él, Robert —le respondí.

—¿Lo crees?

—Me voy a casar con él —contesté.

Él asintió, pero esta vez no dijo ni una palabra. Quería que demostrara algún signo de celos. Ahora sé que sí estaba celoso. Sin embargo, ya fuera porque prefería ignorar lo que le estaba diciendo o no quería creerlo, al rato me dijo:

—¿Estás libre mañana por la noche?

—Por favor, Robert —le contesté—. No me estás escuchando.

—Te estoy escuchando —me dijo—. Y te estoy preguntando si estás libre mañana por la noche.

Entonces empecé a darme cuenta de que había, y de que siempre habría, una conexión entre nosotros que iba más allá de las palabras. En ese momento me sentía molesta con él, con lo mucho que parecía entenderme. Más tarde me diría que si realmente hubiera querido terminar las cosas con él, lo habría llamado o le habría escrito una carta. No tenía que ir en persona hasta su casa para hacerlo. Pero cuando llegué esa noche a su casa y me paré frente al departamento, realmente estaba decidida a terminar las cosas con él, y no solo porque era lo correcto, sino porque pensaba que eso era lo que yo quería hacer. Pero cuando me hizo esa pregunta y me miró a los ojos, no fue por un capricho que no le contesté, o por falta de voluntad, sino porque él parecía entenderme mejor que yo, en ese momento.

Le devolví la llave que me había dado, y sin decir ninguna otra palabra lo abracé. Se inclinó y sentí cómo me besaba suavemente el cuello. Fue la primera y única vez que me besó. Sus labios permanecieron sobre mi piel por varios segundos, y yo no me moví hasta que lo sentí alejarse.

—Gracias —me susurró.

Luego me di la vuelta y me fui, y esa fue la última vez que vi a Robert.

Colin y yo nos casamos un año después de su graduación. Estaba en la universidad de medicina en ese entonces, en Johns Hopkins, y a pesar de que yo odiaba Baltimore, intenté lo mejor que pude ser una buena esposa, como se suponía que lo fuera. No me refiero a una manera tradicional, en un sentido sumiso y servil, sino más bien contenedora y comprensiva. Nos mantuve económicamente durante cuatro años, trabajando de secretaria en un estudio de abogados mientras Colin estudiaba. Tengo buenos recuerdos de aquella época, aunque creo que los debo haber idealizado. Durante los primeros tres años mantuve un intercambio de correspondencia con Robert desde un correo en el centro de la ciudad. Intercambiábamos cartas una o dos veces al mes, y por mucho que deseaba conservar esas cartas, siempre me deshacía de ellas ni bien las leía por miedo a lo que podría pasar si las escondía.

Esas cartas no eran siempre de naturaleza romántica. De hecho, eran más bien banales y con detalles de nuestro día a día. Varias veces Robert insinuó la posibilidad de vernos, pero yo me hacía la distraída sobre ese asunto, hasta que después de un tiempo dejó de hacerlo. Hubo también varias ocasiones en las que sonaba el teléfono tarde en la noche y Colin atendía y nadie respondía. Podría haber sido cualquiera, pero por alguna razón yo estaba segura de que esos llamados eran de Robert. Yo me había convencido a mí misma de que él todavía intentaba contactarme, aunque en realidad nuestra correspondencia había disminuido bastante, y después de ese último verano en Baltimore, cesó por completo.

Nos volvimos a mudar por la residencia de Colin, que era en Cooperstown, Nueva York. Como esposa de un residente me correspondía organizar almuerzos y cenas para las esposas de los otros internos. Era, de alguna manera, lo que se esperaba de nosotras. A decir verdad, estos almuerzos eran sesiones grupales de terapia, más que otra cosa, durante las cuales todas nos lamentábamos por el hecho de que casi no veíamos a nuestros esposos, o por el hecho de que cuando sí los veíamos ellos apenas se mantenían despiertos. Nos quejábamos de los turnos, que se parecían a entrenamientos militares, y de las largas noches que estábamos solas en nuestras casas. Pasaban días enteros sin que lo viera a Colin. A menudo dormía en camillas, entre turno y turno, y me llamaba solamente para avisarme que esa noche no volvería a casa a dormir. Aumentó alrededor de trece kilos durante esa época, alimentándose a base de comida de la cafetería del hospital, y su rostro empezó a tomar un tono pálido y enfermizo. Recuerdo que una tarde, mientras lo observaba en el jardín, no podía asociar la imagen de este hombre con la del nadador delgado y atractivo con el que me había casado. Casi no dormimos juntos en esa época, y le oculté a Colin el hecho de que había empezado a tomar píldoras anticonceptivas. La mayoría de las otras esposas de los internos ya estaban embarazadas, y para ese entonces, lo único que parecía ser peor que atravesar ese momento sola era hacerlo estando embarazada. Recluida en nuestra pequeña casa junto al lago, miraba muchísima televisión, telenovelas y reality shows, y pensaba en proyectos para hacer, como leer todas las novelas de Nabokov, y luego todas las de Balzac. Aprendí a jugar al bridge, me uní al grupo de aeróbicos en la YWCA, plantaba tomates en primavera. Cada tanto pensaba en la física. Me acechaba la idea de no haber terminado mi carrera. En ese momento me parecía imposible la idea de volver a la universidad y terminarla.

Fue durante el segundo y último año de la residencia de Colin que me enteré de la muerte de Robert. Y quizás nunca me habría enterado de no ser por un colega de Colin que había estudiado física en sus primeros años, que nos lo contó en una cena a la que habíamos ido juntos. Robert había muerto de cáncer linfático, nos contó su colega esa noche después de cenar, mientras comíamos el postre. No sé cómo habrá sido mi cara cuando me enteré de la noticia. Pero sé que no debo haber podido esconder mi estado de shock y mi tristeza, porque enseguida Colin se disculpó y salió afuera a fumar. Y más tarde esa noche, mientras volvíamos a nuestra casa en el auto, no me dirigió la palabra. Me di cuenta de que, después de todos esos años, Colin todavía pensaba en esa noche en el bar —la imagen de Robert y yo tomados de la mano—, y en el silencio del auto pude sentir entonces una distancia, la distancia que había estado creciendo entre nosotros durante todos esos años, lentamente, en la oscuridad de nuestra casa. Esa noche salí al jardín y lloré. Incluso ahora no sé si Colin me escuchó.

Colin y yo vivimos en San Francisco ahora. Él quería aceptar un trabajo de un grupo establecido en Boston, pero luego de mis protestas accedió a dejar el Este. Ninguno de los dos tenía amigos en la costa oeste, pero siempre me imaginé viviendo ahí un día. Cuando era niña solía ir de vacaciones allí, y a medida que pasaban los años logré convencerme de que mi depresión era temporal, que eran los desolados y tristes inviernos de New England, como tantas otras cosas, lo que me hacía tan mal. Recién ahora me doy cuenta de que lo que realmente quería era alejarme lo más posible de Robert y su recuerdo. Colin trabaja jornada completa ahora y tenemos una casa en Walnut Creek. Cada mañana viaja a través del Bay Bridge y yo comencé a tomar clases en Berkeley, intentando obtener finalmente mi título después de tantos años. Ahora estamos tratando de que quede embarazada, y me puedo imaginar que en el futuro cercano lo vamos a lograr.

Es muy ingenuo creer que otra persona te puede completar, o salvar, ya que esas dos cosas son, de hecho, diferentes, y nunca sentí eso con Colin. Simplemente creo que él completa una parte de mí, una parte importante, y que Robert completaba otra igual de importante. La parte que Robert me completaba es una parte que creo que incluso ahora Colin no sabe que existe. Es una parte mía que puede destruir tan fácilmente como ama. Es una parte que se siente más segura y cómoda puertas adentro, en una habitación a oscuras, que cree que la única verdad yace en los secretos que guardamos. Robert es el secreto que le oculté a Colin por casi diez años. A veces imaginaba que le contaba todo. Han pasado diez años, y en todo este tiempo hemos sobrellevado un aborto espontáneo, la muerte de sus padres, y hemos estado cerca de la bancarrota, y a esta altura pienso que no hay nada que no podamos sobrellevar juntos. Pero no es su reacción a lo que le temo. Lo conozco lo suficiente como para saber que él lo internalizaría. Me odiaría por ello, pero jamás me lo diría. Pareciera que toda su vida se la pasó tratando de evitar que yo sufriera. La culpa es la razón por la que les contamos a los amantes los secretos, las verdades. Es un acto egoísta, después de todo, ya que implícitamente asumimos que estamos haciendo lo correcto, que contar la verdad aliviará de alguna manera nuestra culpa. Pero no lo hace. La culpa, como cualquier otra herida de este tipo, se convierte en algo permanente, real como el acto en sí mismo. Y contarlo simplemente hace que hiramos a otras personas también. Y esa es la razón por la que nunca le conté nada a Colin. Nunca se lo conté porque sabía que él se guardaría todo el dolor para sí mismo, sin decirme nada.

Es raro, pero en estos días me encuentro pensando mucho en Robert. He logrado guardar su recuerdo en un lugar de mi cabeza que está reservado para mis pérdidas más íntimas y dolorosas. Pero luego me encuentro recordándolo ahora, y nuestro breve tiempo juntos, vuelvo a una noche poco antes de que terminaran las cosas entre nosotros. Era una noche de principios de primavera. Una noche demasiado fría para la época en la que estábamos, y Colin había salido con unos amigos a una fiesta después del entrenamiento de natación. Yo me disculpé diciéndole que no me sentía muy bien, y luego, apenas Colin se fue, yo caminé hasta el departamento de Robert y entré con la llave que me había hecho él. No era la primera vez que lo hacía, pero era la primera vez que iba a su casa con la intención de hacer el amor con él.

Sabía que Robert daba clases esa noche y que volvería en algún momento antes de las nueve. Entonces bebí algo de vino para tomar coraje y luego me desvestí y me metí en su cama, debajo de las sábanas. Tenía la imagen de él entrando al cuarto y encontrándome ahí, con las sábanas cubriéndome hasta la altura de los hombros. Había practicado en mi cabeza lo que le diría cuando me viera. O quizás no diría nada. Trataba de imaginar la expresión de Robert. Me preguntaba si se daría vuelta, pero esperaba que no hiciera eso. Era un regalo que le estaba haciendo y esperaba que él lo entendiera así.

Al final, me quedé en su cama durante dos horas. El cuarto

estaba iluminado solo por una lámpara de escritorio, en una esquina. Y después de un rato la oscuridad creció y yo me di cuenta de que él no iba a venir. Me di cuenta de que probablemente había ido a cenar a lo de su esposa, y probablemente pasaría la noche allí también. Lentamente me senté en la cama y empecé a vestirme, sabiendo que nunca más lo volvería a hacer. Pero antes de irme me serví una copa de vino y fumé un cigarrillo sentada a la mesa, mirando a los estudiantes caminar por la calle, jugando un partido de fútbol en la nieve. Tenían mi edad, pero en ese momento parecían mucho más jóvenes que yo. Y fue un momento extraño, yo sentada ahí en la oscuridad, tomando el vino de Robert, dándome cuenta de que eventualmente, quizás no en las próximas horas, pero eventualmente me tendría que ir de allí.

perro de río

ES FÁCIL AHORA, después de todo lo que le ha pasado a mi hermano, decir que no lo odiaba. Pero todavía recuerdo la humillación que me generaban los rumores sobre su vida cuando se propagaron en mi escuela secundaria. Cómo supuestamente una vez mató a un gato callejero con un palo de hockey, o cómo otra vez saltó desde una ventana de un tercer piso de la escuela por un desafío. Durante los viajes en el micro escolar, a la vuelta del campo de deportes, yo fingía estar dormido mientras empezaban a circular esas historias. Alguno dijo haberlo escuchado a Doug teniendo sexo con un perro en un maizal detrás de nuestra escuela. Otro juró haberlo visto durmiendo en su jardín. Yo cerraba los ojos, encendía mi walkman, y pretendía que era de alguien más, no de mi hermano, del que hablaban.

Doug se había graduado cuatro años antes, pero las historias sobre él todavía circulaban, y fueron transmitidas de boca en boca como por tradición. En ese momento él todavía vivía en casa de mis padres, trabajando en distintos lugares del centro comercial, pero ninguno de los trabajos le duraba demasiado. La mayor parte del tiempo parecía estar sin trabajo fijo, viviendo de la plata que mis padres le daban. Dormía en un pequeño cuarto húmedo de nuestro sótano, y cuando no estaba trabajando, pasaba sus días dando vueltas alrededor de mi escuela. Él *no estaba bien*. Ese era el término que la gente usaba para describirlo. No estaba nada bien. El hecho de que todavía saliera con chicas de la secundaria, el hecho de que no pudiera mantener ningún empleo, el hecho de que se apareciera en la escuela de la nada solo para saludarme. A veces lo veía escondido en los pasillos. Hablaba con su novia —una chica del último año llamada Michelle—, y a sus espaldas la gente se reía. Le decían que se consiguiera un trabajo. Le cantaban *Desperado*. Y solo cuando lo provocaban demasiado, él los enfrentaba. Otras veces simplemente me llegaban los rumores. Alguno decía que lo había escuchado silbando en el pasillo, durante la séptima hora. Otro, que lo había visto con su poncho deambulando por el estacionamiento, mirando por las ventanas de las aulas y sonriendo.

Por las tardes, después de la escuela, Doug iba a verla a Michelle a su práctica de hockey. Y a veces lo acompañaba su amigo Trey, que tenía más o menos la misma edad que él.

Fumaban cigarrillos y miraban desde la grada superior y siempre había algún chico de la secundaria que se le acercaba y le preguntaba si le podía conseguir algo de droga. Si yo estaba presente, Doug negaba con la cabeza y les pedía que se fueran. Decía: "No sé de lo que estás hablando, amigo. Yo no hago eso".

Pero siempre me avergonzaba. Me hacía sentir unas ganas urgentes y repentinas de estar en cualquier otro lugar. Para cuando tuve diecisiete años, mi hermano había arruinado toda potencial vida social que alguna vez creí tener. Me hizo imposible ser algo más de lo que era en ese momento, esto es, invisible. La gente incluso se olvidaba de que éramos hermanos. En el vestuario de hombres, después de las clases de gimnasia, los chicos hablaban de él, olvidándose de que yo estaba ahí cerca. Decían: *Ese tipo está muy mal de la cabeza.*

El verano que cumplí diecisiete años fue el último verano que Doug vivió en casa. Fue un verano húmedo, repleto de tardes nubladas y tranquilas. La mayoría de los días Doug y yo buscábamos maneras de evitar el calor, fumando cigarrillos y escuchando discos en el húmedo sótano de nuestra casa, donde estaba su habitación. Y cuando el sol bajaba, yo me sentaba en la galería del patio trasero mientras Doug trabajaba en la moto de nuestro padre, una Harley Super Glide de 1963. En los años sesenta nuestro padre se había comprado esa moto cross country, y ahora era de Doug, uno de los pocos regalos que recuerdo que mi padre le hizo. El objetivo de mi hermano era arreglar la moto y hacerla andar para agosto con el fin de llevarla hasta los docks de Norfolk, Virginia, y causar una gran impresión allá. Anteriormente, ese mismo año, había tomado un trabajo en una plataforma petrolera luego de que nuestro padre lo amenazara con echarlo de la casa, y ahora, casi seis meses después, todavía estaba muy obstinado para admitir que había sido un error.

—Me imagino que si supero la primera semana estaré bien —dijo Doug una noche, mientras trabajábamos en la moto—. Es ahí cuando más duro te dan.

—La gente se muere en esas plataformas —le dije.

Se encogió de hombros como si la muerte no fuera algo que lo preocupara.

—Estás contando los días, me imagino.

—No lo sé —le respondí.

Doug se colocó debajo de la moto y yo le pasaba las herramientas que él me señalaba.

—Quizás me una contigo el año que viene —le dije.

—Yo no lo haría —dijo—. No si pudiera evitarlo. —Enderezó la rueda delantera con su mano—. No si tienes otra opción. —Luego empezó a sonreír de un modo extraño.

—Michelle y yo nos vamos a casar —me dijo.

—¿Ah, sí?

—Todavía no se lo pregunté, pero estoy seguro de que dirá que sí.

Yo asentí.

—¿No me crees?

—No —dije—. Sí, te creo.

Michelle estaba en el último año y nos habíamos sentado juntos en la clase de Biología la primavera anterior. Doug y ella salían y cortaban a cada rato, y había un rumor de que él la había dejado embarazada y ella había abortado. Yo sabía que ella se preocupaba por Doug, incluso que lo quería, pero partiría a la universidad el año próximo y yo dudaba de que alguna vez se casaría con él.

En las clases de Biología Michelle y yo compartíamos los apuntes, y las noches en que ella salía con Doug, yo le dejaba copiar la tarea de mi cuaderno. Pero la mayor parte de lo que sabía de ella era por lo que anotaba mi hermano en el diario que guardaba debajo del colchón. Escribió mucho sobre querer casarse con ella, a pesar del hecho de que ella era cinco años menor que él. Y también escribió mucho sobre la casa que quería comprar para ellos, y los nombres de sus hijos. También había largos pasajes que parecían poemas, y ocasionalmente alguna página con dibujos de mujeres sensuales, por lo general desnudas, y debajo el nombre de ella.

Las noches en las que Doug no estaba trabajando en la moto, Michelle venía a buscarlo en su Volvo. Casi siempre iban a fiestas en la otra punta de la ciudad, en Clearview o Eschelman Heights, o alguno de los vecindarios en donde Michelle y otros estudiantes vivían. Otras noches simplemente viajaban fuera de la ciudad con Trey o alguna chica, y ocasionalmente me invitaban para acompañarlos. Si iba Trey, yo decía que no. Para Trey, mi única función era hacerlo quedar bien frente a su cita, que me sentara allí, mientras me llamaba maricón todo el tiempo y me preguntaba cuándo iba a debutar finalmente.

Pero siempre la pasaba bien cuando éramos solo Doug, Michelle y yo. Las noches en las que no había ninguna fiesta, nos adentrábamos en lo profundo del campo, pasando las granjas de los amish, y estacionábamos el auto en algún precipicio con vista al río Conestoga y a todo el condado. Una brisa fresca subía desde el agua, el sol descendía detrás de los campos, y nosotros nos emborrachábamos con cajas de Hamm's o de Olympia. Después de un rato Doug se levantaba, se estiraba y decía: "Bueno, pequeñín. Volvemos en unos minutos". Y yo esperaba ahí, mientras él y Michelle se metían en el Volvo y tenían relaciones.

A mí no me importaba. Y nunca se me cruzaba por la cabeza el pensamiento de que mi hermano era un hombre adulto, de casi veintitrés años, y que lo que estaba haciendo *no estaba bien*. Cuando volvían del auto, Doug me sonreía a espaldas de Michelle. Luego arrojábamos piedras al río, debajo de nosotros, y pedíamos deseos.

La primera vez que escuché la historia de Carrie Huber fue por Trey, que la contó como una broma. Carrie Huber se había superado a sí misma, dijo una noche de fines de julio mientras esperábamos a Doug en el auto. Trey se estaba riendo mientras me contaba la historia. Estaban los dos, Doug y él, detrás de la casa de la pileta en lo de Jennifer Benson durante la fiesta del 4 de Julio en el barrio The Heights. Trey intentaba hacerlo parecer gracioso. Como una conquista más. Y en cuanto a Carrie, ella estaba borracha y torpe, con el tipo de borrachera con la que, al día siguiente, en medio de la resaca te preguntas: "¿Hice eso realmente?".

Después hubo otras versiones de esa historia. Versiones que escuché en distintas fiestas ese verano. En una de ellas, Doug y Trey la llevaban a Carrie a las colinas detrás de la casa de los Benson, la sostenían contra una gran roca, dejándole moretones en su coxis al día siguiente. En otra versión, le daban Dramamine para noquearla y luego le afeitaban el vello púbico. A veces yo me hacía el que escuchaba estas historias fingiendo sorpresa, como si no hubiera estado ahí en ese momento, esperando en la cocina. "Mierda, realmente se pasaron", diría alguno. Y cuando tergiversaban demasiado la historia, yo tenía ganas de corregirlos.

Cuando pienso en esa noche, se me vienen imágenes a la cabeza. Me imagino la expresión de Doug entrando a la cocina, cuando vuelve del jardín. En mi memoria él es pura sonrisa, aunque su sonrisa es algo rara. Está parpadeando, y traspirando mucho. Me dice que quiere irse de la fiesta pronto, y yo trato de convencerlo para que se quede un rato más. Le sirvo un trago, trato de calmarlo, pero él ya está en la puerta, cruzando el jardín de la entrada de los Benson. Luego lo sigo hasta el auto. Él golpea la puerta. "¿Qué pasó?", le pregunto mientras doblamos por la calle Centerville a gran velocidad y atravesamos la ciudad para volver a casa. "Nada", me dice. "¿A qué te refieres?". Y yo quiero decirle a qué me refiero, pero en vez de eso le digo: "A nada". Luego llegamos a casa, y por primera vez mi padre no está dormido frente al televisor, así que encendemos la tele. Están pasando nuestro programa favorito: *The creature double feature* en el canal 2. Nos sentamos en silencio, sin hablar, y miramos la película que pasaban.

Había un pequeño basural no muy lejos de nuestra casa. De niños, Doug y yo íbamos allá a buscar animales muertos, mascotas de familias arrojadas allí, o perros de río, perros callejeros que vivían en los pastizales cerca del río. Cuando yo estaba en la secundaria, íbamos allá casi todos los días, como un ritual. A veces alguno de esos perros muertos todavía tenía su collar puesto, y Doug se inclinaba y miraba su nombre. "Sam", anunciaba Doug. "Sam está muerto".

Detrás del basural estaba el río Pequea. Durante abril y mayo, cuando el río se inundaba a causa de las fuertes lluvias de estación, la gente se metía envuelta en tubos negros, con refrigeradores con cervezas atados a su alrededor y viajaba a la deriva. A veces veíamos grupos de varias personas, completamente desnudos, incluso mujeres, que tomaban sol mientras se desplazaban río abajo.

Recuerdo que una tarde de mediados de julio, durante nuestro primer verano en Pensilvania, divisamos a la distancia a dos mujeres que nos saludaban. Bronceadas y hermosas. Estaban con un grupo grande de hombres que llevaban puestos gorros de béisbol y lentes espejados. Probablemente venían desde Hershey o de algún lugar al norte de nuestra casa. Estaban tomando alcohol. Y cuando pasaron cerca de nosotros, las dos mujeres comenzaron a silbarnos, pidiéndonos que entráramos al agua, que estaba fresca y agradable, y así siguieron. Incluso se levantaron sus pequeñas remeras negras varias veces, dejando al descubierto sus tetas blancas. Todos los hombres que estaban ahí se rieron y aplaudieron.

Finalmente, una de las chicas se sacó la remera por completo y la arrojó al agua. Doug ya estaba casi completamente desvestido para ese momento. Su cara brillaba.

—Dale —me decía—. Vamos.

—No. De ninguna manera —le contesté.

—Vamos, pequeñín, ella te requiere.

Sacudí mi cabeza.

—Okey —me dijo—. Como sea. —Luego se zambulló de costado al agua fangosa y nadó tras ellas.

Incluso en ese momento me di cuenta de que era una mala idea. Antes de que Doug llegara a la mitad del río, dos de los tipos salieron de sus flotadores, nadaron hacia él y lo agarraron. Uno de ellos, un barbudo, lo tomó de los brazos a Doug mientras el otro le metía la cabeza debajo del agua. Las dos mujeres siguieron acercándose. “Ven aquí, cariño”, se reían. Yo observaba mientras Doug sacudía las piernas en el aire desesperadamente. Cuanto más se resistía, más gritaban los tipos. Honestamente creía que lo iban a matar. Empecé a gritar, a decirles que lo soltaran o llamaría a la policía. Eso siguió como por diez minutos.

Cuando Doug finalmente nadó hacia atrás, estaba tosiendo agua.

—¿Estás bien? —le pregunté.

Él asintió.

—Idiotas totales —dijo—. Unos totales malditos idiotas.

Luego se dio vuelta y comenzó a vestirse. Y fue entonces cuando, mientras se ponía la ropa, que me di cuenta de que estaba llorando, y la imagen de mi hermano, de espalda ancha y metro ochenta de alto, encorvado, llorando, me asustó. Por un momento, casi sentí pena por él, casi lo perdono por todas las veces que me había fajado, y por todas las veces que me había humillado. Le dije algo en ese instante, ahora no recuerdo qué, y él me ignoró. Caminamos a casa en silencio, y nunca volvimos a hablar de eso.

Cuando estaba en la universidad, traté de escribir una redacción sobre lo que había sucedido aquella noche en la fiesta de los Benson. Mi profesora me devolvió el trabajo una semana después y dijo que tenía que corregirlo. En la parte de arriba de la hoja ella escribió: "El lector merece saber qué pasó realmente".

Tirado en mi cama a la noche solía tratar de reconstruir en mi cabeza lo sucedido con lo que sabía:

Es tarde, la una o las dos de la madrugada, y Carrie Huber ha salido al jardín, quizás en busca de un poco de aire fresco, o un respiro del pesado calor de verano. Se siente mareada por todo lo que bebió, y cuando Trey la encuentra, ella está vomitando en los arbustos de rododendro detrás de la piscina. La mira por un instante, luego regresa a la fiesta. Más tarde, cuando vuelve con Doug, ella está desmayada. Es como si estuviera dormida, y ellos intentan despertarla, le hablan. Están detrás de la casita junto a la pileta, fuera de la vista de todo el mundo, y hablan sobre qué hacer. Quizás piensan en qué es lo que ella querría si estuviera despierta. No es virgen, después de todo. Se rumorea que se ha acostado con la mitad del equipo de fútbol. Se ríen de eso un rato. Después, ya no hablan más. Uno de ellos, tal vez Doug, apoya los hombros de Carrie contra el piso mientras Trey le baja el short y desabrocha su camisa.

Imagino a Carrie Huber despertándose horas más tarde en el patio trasero de los Benson, desnuda, preguntándose qué ha sucedido, y dándose cuenta. La imagino levantándose, poniéndose la ropa y desapareciendo lentamente de la oscuridad del jardín, de vuelta a la fiesta, hacia el brillo fluorescente de la cocina donde todos se están riendo. Le dan codazos, le guiñan un ojo. "¿Dónde estuviste toda la noche? ¿Por qué tienes la camisa toda arrugada?". Y ese tipo de comentarios. Carrie sonríe.

"Basta. Váyanse a cagar", diría ella, tratando de sonar como ella misma, que es un tanto sarcástica, un tanto grosera, pero al mismo tiempo se da cuenta de que no sabe bien qué ha sucedido. Quizás ni siquiera piense en ello hasta la mañana siguiente, al despertar en el sillón de los Benson, notando sus shorts manchados, su camisa desgarrada y sintiéndose herida: un calambre que no es agudo, pero es fuerte y profundo.

Esa noche, más temprano, la noche de la fiesta, habíamos empezado a beber junto al río Conestoga. Éramos Doug, Michelle, Trey y yo. Habíamos llevado una parrilla hibachi e hicimos comida al aire libre junto al agua . El sol estaba fuerte. El mundo parecía más claro. Había familias con manteles a cuadros, perros y gruesas líneas de humo que salían de sus barbacoas.

Todo el mundo iba al río para el 4 de Julio a tirar fuegos artificiales. Era el único lugar en donde estaba permitido y era legal tirar fuegos artificiales. Teníamos la intención de quedarnos allí toda la noche, mirar el show, escuchar a The Doors, y emborracharnos. De alguna manera fue el mejor 4 de Julio. Fue una de las pocas veces en que todos nos llevamos bien. Trey, a su manera, también fue amable conmigo, abriendo mis cervezas, ofreciéndome pitadas de sus cigarrillos. Y Doug se puso sentimental en un momento y me abrazó.

—Te quiero, pequeñín —me decía todo el tiempo—. Honestamente. Lo digo en serio.

En determinado momento Doug y Michelle se fueron al agua solos. Trey y yo nos sentamos en la manta y observamos a un grupo de boy scouts que tiraba patéticas naves espaciales hechas con botellas al río. No sé qué se dijeron Doug y Michelle. Doug permaneció allí mientras Michelle hablaba. Luego de un rato Michelle comenzó a caminar en la dirección contraria de donde estábamos, hacia un grupo de estudiantes de segundo año, y no volvimos a verla esa noche.

Unos minutos después apareció Doug y dijo que se quería ir.

—Jesús —dijo—. Hija de puta.

Trey y yo no lo presionamos. Doug y Michelle se separaban cada semana, y ya estaba naturalizado. En un determinado momento, Trey decidió que había que colarse a la fiesta en lo de los Benson.

—Quizás Michelle aparezca en la fiesta más tarde —le dijo a Doug—. Quizás todos salgamos ganando.

Doug asintió.

—Bueno —dijo—. Está bien.

En el viaje a la fiesta, Doug nos explicó que le había pedido matrimonio a Michelle unos días atrás y ella había rechazado la propuesta. Era una historia larga y complicada y yo podía ver cómo su cara se iba transformando a medida que lo contaba. Cuando terminó nos dijo que esa misma tarde, más temprano, se lo había vuelto a pedir, y una vez más ella le había dicho que no. Según Doug, ella tenía la cabeza puesta en la Universidad de Westminster, a donde iba a ir el próximo año, y no tenía ningún interés en ir a Virginia con él. La imitaba con la voz mientras hablaba. Finalmente, dijo unos minutos después, luego de pensarlo bastante, le había dado una última oportunidad para cambiar de opinión cuando estaban abajo en el río.

Yo empecé a reírme. Después se sumó Trey. Y le dijo:

—¿Le propusiste casamiento tres malditas veces?

Los Benson eran dueños de una hermosa casa colonial blanca en el sector norte de los Eschelman Heights. La casa estaba rodeada de bosques frondosos y había una pileta y una cancha de tenis en la parte de atrás. Tenían uno de los pocos jardines en el condado cuyo pasto no se volvía amarillo durante la época de sequía, cada julio.

El primer verano que vivimos en Pensilvania, Doug y yo solíamos pasar por ahí con nuestras bicis. Íbamos todo el tiempo, haciendo de cuenta de que era nuestro vecindario. Pasábamos por lo de los Benson, lo de los Huber y lo de los Fulton. A veces hacían fiestas en sus jardines delanteros con gazebos enormes y una fila de casi cincuenta autos estacionados en la vereda. Nosotros nos metíamos en la casa, comíamos lo que estaba servido en la mesa del bufé, fumábamos colillas de cigarrillos de los ceniceros, y vaciábamos los tragos de gin con tónica abandonados por la mitad. Nunca nadie se daba cuenta de nuestra presencia. Nunca nos preguntaban quiénes éramos.

Cuando llegamos a lo de los Benson aquella noche, había un grupo de adultos en la cocina tomando bourbon. En el medio de la cocina había un barril de cerveza y una pila de vasos de plástico. Afuera en el jardín del fondo, cerca de la pileta, un grupo de chicas, incluida Carrie, estaban paradas alrededor de un ponche hawaiano. Doug, Trey y yo nos quedamos en un recoveco de la cocina junto a un pequeño tocadiscos tomando cerveza. Nadie notó que estábamos ahí. De vez en cuando uno de los adultos se nos acercaba, con un vaso con hielo tintineante en la mano, y nos preguntaba a qué universidad planeábamos ir.

Trey sonreía.

—Yale —decía—. Yale o Princeton. Estoy indeciso.

Los adultos siempre sonreían con esas respuestas, a veces asentían con aprobación, luego desaparecían lentamente hacia otra habitación. En un momento uno de los adultos pasó su brazo por la espalda de Trey y le dijo que le quería presentar a alguien, y lo llevó hasta el jardín. Doug sacudió su cabeza.

—¿Te estás divirtiendo? —me preguntó.

Yo asentí.

—Bien —me dijo—. Me alegra escuchar eso. —Luego se fue hasta la ventana, miró el jardín y vació lo que le quedaba de cerveza.

Casi todo lo que sucedió después es borroso:

Me emborracho mucho esa noche, lo suficiente como para no sentir vergüenza por estar ahí con mi hermano y con Trey. Alrededor de las diez los adultos se van, y la fiesta crece. Empieza a llegar gente con cajas de cerveza y champaña. Kyle Glass, un chico de último año de mi secundaria, me empieza a hablar en la cocina. Nunca antes me había dirigido la palabra, de hecho, ni sabe quién soy, pero en la atmósfera alcoholizada de la fiesta, de pronto parece interesado en mí. Quiere saber si tengo intenciones de sumarme al equipo de fútbol el año siguiente. Yo le miento y le digo que lo estoy evaluando.

—Bien —me dice—. Excelente.

Más tarde, Carrie Huber y un grupo de sus amigas vienen a la cocina y se ponen a hablar con Kyle y conmigo. Yo estoy borracho, y de alguna manera me siento en confianza hablando con ellos. Carrie nos empieza a contar sobre su reciente viaje a Ocean City. Ella ya está borracha también, y algunos de los chicos intentan pasar sus brazos a su alrededor. Ella sonríe y los aleja. Luego se escucha un grito proveniente del living, y todos nos damos vuelta y nos acercamos para ver qué sucede. Están desnudando a uno de los chicos de Clearview. Se ha convertido en un ritual de estas fiestas de verano hacer un show de estriptís. Sucede cuando alguien se desmaya. Son mayormente a los chicos a los que les sacan la ropa, luego llaman a las chicas para que pongan puntaje. La mayoría de ellas cierra los ojos, dice: "Oh, Dios, qué asco", y salen de la habitación. Pero hay algunas chicas, como Carrie, que siguen la corriente, se ríen o hacen un chiste, antes de darse la vuelta y salir. Es todo un juego, y aunque es raro que desnuden a alguna de las chicas, hay ciertas reglas para cuando eso sucede. "Sin sacarle la ropa interior", grita alguno de los chicos. Ese es el límite.

Más tarde en la noche, alrededor de la una de la madrugada, la gente empieza a preparar los fuegos artificiales en el jardín trasero. Todos se dirigen allí a observar. Doug y yo nos quedamos en la cocina conversando. Parece estar de buen humor nuevamente, sin pensar en Michelle. Nos quedamos en un recoveco de la cocina, tomando cerveza del barril, y yo le empiezo a contar mis impresiones sobre algunas de las chicas de la fiesta. Él asiente y dice: "Buena suerte, pequeñín". Al rato regresa Trey del jardín, por la puerta corrediza, riendo y diciendo que encontró a Carrie Huber desmayada detrás de la casita que está junto a la pileta.

—No lo creerás —le dice a Doug—. Tienes que ver esto.

Todo lo que pasó después no es como lo contaron. No hubo llamadas telefónicas a los padres, Carrie Huber no llamó a la policía ni levantó cargos. Nada de eso. De hecho, la historia solo circuló entre los chicos de mi secundaria, pero se fue distorsionando y tergiversando a medida que pasaba el verano.

Por las noches Doug y Trey siguieron yendo al río a emborracharse. Y cada tanto Michelle venía a casa a verlo a Doug. Se quedaban en el patio delantero y hablaban, a veces incluso reían.

Yo me quedaba solo en casa casi todas las noches y cada tanto salía con mi bici hasta el río en busca de perros callejeros. A veces me preocupaba que algún niño de mi escuela me viera e hiciera algún comentario sobre Doug. Las pocas veces que me preguntaron sobre eso, yo respondí que toda esa historia era una gran mentira, una exageración.

Para el final del verano, ya casi no hablaba con Doug. Lo evitaba. Me quedaba en mi habitación con la puerta cerrada con llave. Lo máximo que llegamos a hablar sobre lo ocurrido esa noche fue una vez, una semana antes de que partiera a Virginia. Yo estaba sentado en el porche trasero, leyendo mientras Doug trabajaba en su Harley. Después de un rato, se me acercó y empezó a hablarme sobre la moto. Yo no lo miraba, y en un momento se detuvo y me dijo:

—Debes creer que estoy loco.

—No sé qué pensar —le dije.

—¿Me creerías si te digo que no me sentía como yo mismo esa noche?

—No lo sé —le dije—. No sé qué creer.

Él asintió. Hubo un largo silencio. Luego dijo:

—Soy un imbécil, ¿no es cierto?

—Cierto —le dije.

Doug raspó el barro de su bota.

—Creo que no tengo nada más para decirte —me respondió—. Tenía mucho para decir antes, pero supongo que lo olvidé.

Yo me levanté.

—Bueno, quizás lo recuerdes más tarde —le dije, y luego me fui adentro de la casa.

No hubo un día concreto en que la gente dejó de hablar de esa noche, así como tampoco hubo un día particular en que el rumor comenzó. Simplemente sucedió. La gente se olvidó. Al año siguiente nada parecía inusual. Nada cambió. No había tenido muchos amigos el año anterior, y seguía sin tenerlos. Iba a la escuela, me probé en el equipo de fútbol, me senté en el banco de suplentes todo el año, obtuve una beca para ir a Penn State y partiría a esa universidad estatal, en Pensilvania, al año siguiente. Después de un tiempo nadie volvió a hablar sobre lo sucedido aquel 4 de julio, así como nadie volvió a hablar sobre cómo Eric Levengood había manejado hasta la mitad de la autopista ese verano y había muerto. Para septiembre, eran noticias viejas.

A veces, cuando pienso en Carrie ahora, me pregunto qué pensará de todo lo que pasó. Me pregunto cada cuánto regresa a su ciudad natal. Cuánto tiempo pasó hasta que volvió a tener novio, cuánto le llevó superar aquella noche para poder seguir con su vida. Nunca la conocí, nunca hablamos siquiera, pero varias veces pensé en escribirle una carta para preguntarle qué había sucedido realmente esa noche.

Por lo que sé, nunca habló con nadie sobre ese tema. Después de esa noche, dejó de ir a fiestas y partió a la universidad durante el mes de agosto. Una vez, después de varios años, me la crucé en una fiesta de Navidad. Tenía el cabello corto, se estaba riendo y por un momento tuve ganas de decirle algo. Sentía que tenía mucho para decirle. Pero solo se quedó allí unos minutos, saludó a sus amigos y se fue. Me pregunté, incluso entonces, si sabía quién era yo.

A fines de agosto, justo antes de que Doug partiera a Virginia, me regaló la Harley Super Glide 1963 de nuestro padre. Había pasado la mayor parte de esa mañana lustrándola, cosiendo el asiento de cuero y limpiando el manubrio. Alrededor del mediodía me llamó desde afuera.

—Aquí tienes —me dijo—. Por lidiar conmigo todos estos años.

—No sé conducirla —le dije.

Él se encogió de hombros.

—Lo descubrirás. —Luego me tocó el hombro—. ¿Estamos bien?

Yo asentí.

Me dio otra palmada en el hombro.

—Muy bien, pequeñín —me dijo—. Cuídate.

Ese día, más tarde, mi padre lo llevó hasta la estación de micros y mi madre lloró. Yo me fui a dar unas vueltas con la Harley y manejé hasta que se hizo de noche y mis brazos se entumecieron. Seis meses después, una helada mañana de enero, salí con la moto, tomé una curva peligrosa, me rompí el brazo y nunca más volví a montarla. En la universidad, un amigo mío había hecho una maniobra similar con su moto, yendo a 80 km/h, y murió, en una calle resbaladiza por la lluvia en Unionville, Pensilvania. Ahora tengo veintiséis años, y puedo contar con los dedos de ambas manos la gente que amé que ahora está muerta. Doug no es uno de ellos. Él restaura barcos ahora, en Charleston. Casi no nos hablamos.

Y nunca le conté esta historia a nadie. Pero a veces, cuando mi novia pregunta, le cuento sobre ese primer verano que vivimos en Pensilvania cuando yo tenía treces años y Doug regresó a casa borracho una noche con un grupo de amigos y le arrojó un trozo de piedra caliza a la ventana del acompañante del Pontiac de nuestro vecino. Le explico a ella que yo estaba sentado en nuestro porche cuando esto sucedió, observando todo con incredulidad. Al día siguiente nuestro vecino, el señor Kahler, vino a casa y acusó a Doug de romperle el vidrio, su esposa lo había visto hacerlo. Doug negó todo y luego hubo una gran pelea. Estuvieron así, Doug y el señor Kahler, durante veinte minutos. Finalmente, mi madre se disculpó con el vecino y le hizo un cheque.

Le digo a mi novia que después, cuando el señor Kahler se fue, yo salí a la calle y me puse a barrer el vidrio roto de la calle, cepillando también los asientos del Pontiac. El trozo de piedra caliza todavía estaba ahí, en el piso del auto.

Unos minutos después, el señor Kahler salió de su casa, se me acercó, y me dijo que no tenía que hacerlo. Me dijo —y esta parte es la que siempre me toca—: "Esto no tiene nada que ver contigo, hijo".

partida

LA PRIMAVERA EN QUE TENÍAMOS DIECISÉIS AÑOS, Tanner y yo comenzamos a salir con unas chicas amish que vivían pasando la autopista rural. A veces con dos o tres a la misma vez, porque no eran realmente citas. No había chances de que se convirtiera en algo serio.

Esto fue en el año 1992, hace casi diez años, y las cosas todavía no empezaban a cambiar en la zona de Pensilvania donde vivíamos. Recuerdo ese año como un año significativo, un punto de inflexión en nuestro condado, el año en que el pueblo de Leola comenzó a crecer y a convertirse en una ciudad, y también el año en que los amish comenzaron a vender sus propiedades y a marcharse hacia el Oeste, a Indiana y Iowa.

Hubo varios casos de partidas masivas de amish ese año, mayormente jóvenes de alrededor de veinte años, tentados por los shoppings y bares que construían detrás de la carretera, cerca de sus granjas. Leola se estaba expandiendo rápido entonces, se estaba convirtiendo en algo común, y eso preocupaba a los más grandes de la comunidad amish. Y creo que eso explica por qué esa primavera a muchos de los adolescentes amish les dieron permiso para salir de las granjas por unas horas los viernes a la noche.

En las afueras, en la otra punta de la ciudad, había una intersección en la carretera rural donde solían juntarse a pasar el rato. Era un área remota. Con un centro comercial con un Kmart en una punta y un restaurante 24 hs abierto cruzando la calle. Se los podía ver los viernes por la noche viajando en una fila larga, como en una procesión fúnebre, con sus calesas que rozaban la banquina mientras los camiones acoplados pasaban por la carretera. Estacionaban en un lugar apartado, detrás del Kmart, ataban sus caballos a los postes de luz o a los costados de los contenedores de basura, los más jóvenes se metían al Kmart a jugar videojuegos, y los más grandes y más aventureros cruzaban la calle en dirección al restaurante.

El restaurante era de estilo familiar, frecuentado solamente por familias locales de granjeros o camioneros, y solía estar siempre vacío. Una vez adentro, los niños amish desaparecían de inmediato en los baños para cambiarse la ropa. Se ponían jeans azules y remeras que habían comprado en el Kmart, ropa que nunca parecía ajustarse bien a sus cuerpos. Luego salían, con toda su ropa negra de lana guardada en bolsas de papel, y ordenaban enormes platos de comida frita y ponían música country en las rockolas, y pretendían no ser amish.

Esa primavera, Tanner y yo empezamos a frecuentar ese lugar solo para observarlos. Nunca los molestábamos, solo los mirábamos. Y nunca se nos ocurrió que había algo anormal en lo que hacíamos, o incluso incorrecto. Simplemente sentíamos curiosidad. Queríamos saber si los rumores que habíamos escuchado en la escuela eran ciertos: que algunos de ellos eran deformes, y que la mayoría de los niños tenían dedos de más o de menos, resultado de extensas endogamias.

Nos sentábamos a una mesa, en una punta del restaurante, y los espiábamos detrás del menú. Estábamos maravillados por escucharlos maldecir y fumar cigarrillos. Algunos de ellos incluso se tomaban de las manos y se besaban. Algunas veces, otra gente, gente de la ciudad, como nosotros, también se detenía en el lugar solo para observarlos, y podías ver que los incomodaba. En ese entonces la gente todavía les tenía miedo a los amish, todavía eran un misterio y una amenaza por su riqueza y por la enorme cantidad de tierras que poseían. Y por esa razón los rechazaban y los trataban como intrusos y *freaks*.

A las once en punto se cambiaban las ropas y pagaban la cuenta muy educadamente. Luego, cruzaban la calle en grupo, subían a sus calesas y partían. Y Tanner y yo nos quedábamos en el estacionamiento del restaurante y los observábamos sin poder creer lo que habíamos visto, pero también tristes, de alguna manera, por verlos partir.

Una vez los otros chicos de nuestra escuela se enteraron de ese restaurante y empezaron a ir regularmente en sus jeeps y sus BMW, no a observar, como Tanner y yo, sino a burlarse y atormentarlos. Era algo cruel y nos entristecía mucho ver eso, aunque nunca hicimos nada por detenerlo. En cambio, nos sentábamos en una esquina al fondo y mirábamos, enojados, pero por otro lado aliviados de que por una vez no éramos nosotros a quienes fastidiaban o golpeaban. Teniendo como objetivo a los jóvenes amish, tan vulnerables y fuera de moda, los chicos populares parecían haberse olvidado de nosotros prácticamente.

Había uno de los chicos amish que parecía mayor que el resto. Podría haber tenido veinte años. Tanner y yo reparamos en él desde el primer día por su tamaño y por su rostro, que siempre parecía estar enojado. Iba todas las semanas, con el resto de los chicos, pero siempre se sentaba solo, apartado de los demás en otra mesa, fumando cigarrillos y poniendo canciones heavy metal en la rockola de su mesa.

Su enojo nos asustaba más que los otros. Eso y su tamaño. Tenía el cuerpo de un hombre adulto, trabajador, con hombros anchos y antebrazos macizos y abultados cerca de los codos.

Cuando había una pelea, él siempre participaba. Por lo general tenían lugar afuera, cerca de los contenedores de basura en la parte de atrás del restaurante. Los enfrentamientos nunca eran parejos: siempre cinco o seis contra uno. Habiendo sido criados en ideales estrictamente pacifistas, ninguno de los otros amish peleaba. Pero él sí. Y a pesar de su tamaño, siempre perdía. Sin embargo, duraba mucho más de lo que uno esperaba, moviéndose con la gracia de un joven boxeador, deslizándose, agachándose. Su estilo consistía en mantenerse agachado y estirar los puños desde bien abajo. Era rápido, sus golpes eran poderosos, y sabía cómo protegerse. Pero la belleza de sus movimientos nunca duraba mucho. Inevitablemente perdía el foco, se daba vuelta o miraba para otro lado un segundo, y entonces lo derrotaban.

Unos minutos después, con la cara cortada e hinchada, se alejó hacia el Kmart, seguido por el resto de los chicos amish. Y la semana siguiente, para sorpresa de todos, estaba de vuelta allí, ni siquiera amargado, solo estaba sentado al borde de su mesa, esperando.

Recién a finales de abril, Tanner y yo comenzamos a salir con las chicas, pero, como dije, no eran citas reales. Todas eran extremadamente tímidas y no teníamos tantas cosas en común. Les hacíamos preguntas sobre sus vidas, y ellas asentían o movían la cabeza, y se reían bajito, y luego nos quedábamos ahí observándolas mientras ellas comían tímidamente sus hamburguesas con queso.

Más tarde cruzábamos la calle y las acompañábamos hasta el Kmart, y a veces, si no había nadie observando, nos besaban en la oscuridad. Y luego, como si nada de eso hubiera sucedido realmente, se iban y teníamos que esperar una semana entera para volver a verlas. Algunas veces no regresaban y no sabíamos por qué. No podíamos llamarlas. Por lo general, no sabíamos ni sus nombres. Así que, si no volvían la semana siguiente, simplemente tratábamos de conocer a dos nuevas.

En nuestra escuela las chicas bonitas ni nos miraban. Éramos comunes y corrientes; no nos destacábamos en ningún deporte y nuestros padres no eran gerentes de bancos ni médicos ortopédicos. Pero en las afueras de la ciudad, salíamos con las chicas amish más bellas. Se sentían atraídas hacia nosotros porque éramos extranjeros, de la misma manera que a nosotros nos atraía eso de ellas.

En la escuela hacían bromas sobre nosotros, naturalmente. Por lo general, bromas sobre endogamia. Alguien había escuchado que nuestras novias tenían dos cabezas, tres fosas nasales y colas que salían de sus columnas vertebrales. Ya casi era verano, por eso tratábamos de ignorarlos, de pasarlo por alto. Sin embargo, nos hacía pensar en lo que estábamos haciendo.

Y no estaba bien lo que estábamos haciendo. Estábamos al tanto de eso. Y de alguna manera todavía le teníamos miedo a los amish. Incluso a las chicas. Había algo antinatural en ellos. Es difícil de explicar, pero solo te dejaban acercarte hasta cierto punto, y siempre en privado, donde nadie más pudiera ver. A veces te besaban y luego huían, porque de lo contrario, estarías pensando en ir más lejos, pero sin siquiera hacerlo, y empezarían a llorar por ninguna razón, como sabían hacer.

Me pregunto ahora si no era peor dejarlas salir de las granjas solo una vez a la semana, si darles una pequeña muestra de libertad no hacía que la tentación fuera mayor. Quizás por eso muchos de ellos nunca regresaban: era simplemente muy difícil.

Tanner provenía de una familia de gente de campo, a pesar de haber crecido en la ciudad, como yo. No parecía haber diferencia. Los chicos ricos igual le decían palurdo y se burlaban de la forma en que hablaba y se vestía. Y no querías tener el estigma de provenir del campo en nuestra escuela secundaria. Ambos vivíamos en el límite de la zona de ricos, justo en la calle de enfrente. Estábamos en séptimo grado cuando el límite zonal de la escuela fue modificado y los del distrito escolar nos dejaron terminar nuestra educación en la Cedar Crest High, donde iban todos los niños ricos y hermosos. La única escuela decente del condado.

Yo había crecido con ellos, con los niños ricos, y a veces incluso me sentía alineado con ellos cuando veía a los niños de campo, sucios, generando disturbios en nuestros bailes. Pero entre los ricos, sentados en clase o caminando por los pasillos, yo era consciente de nuestras diferencias. Hasta noveno grado yo había mentido sobre la profesión de mi padre. Les había dicho a todos que él trabajaba mucho en el extranjero, que su empleo era algo confidencial, y que yo no podía hablar sobre eso. Entrenador de lucha en la universidad no sonaba tan genial comparado con cirujano cardíaco o juez. Pero creo que nadie me creía, de todos modos. Sabían dónde vivíamos y sabían que yo no era miembro del country club, y también sabían que yo era amigo de Tanner. No éramos como ellos; Tanner y yo, sin embargo, tampoco éramos como la gente de campo.

Hubo una chica a la que vi con frecuencia ese verano. Su nombre era Rachel. No era tímida ni le tenía miedo al mundo exterior. Y su pelo olía a hierba de campo alta, un olor dulce. Era hermosa, también. No se parecía en nada a las otras chicas amish; no tenía el típico cuerpo alemán robusto, muslos sólidos, espaldas anchas, ni cara redonda. Era delgada, esbelta, y con otra ropa podría haber pasado perfectamente por una de las chicas populares de Cedar Crest.

Era curiosa, también. Algunas noches quería irse del restaurante para pasear en la camioneta de Tanner. Nos rogaba a Tanner y a mí que la lleváramos a la ciudad. También le gustaba conducir hasta el bowling en Leisure Lanes a jugar al pool y fumar cigarrillos. Siempre estaba excitada, ansiosa, queriendo hacer y ver la mayor cantidad de cosas posibles en las pocas horas libres que tenía.

Cuando estábamos solos, Rachel quería saber todo sobre mí. Quería saber cómo era mi escuela, mi casa, cómo era Ocean City. Quería que le describiera todo con detalles, como si guardara esos detalles para ella y los coleccionara.

Solo una vez, que estábamos estacionados afuera del restaurante, me contó sobre su familia. Era una familia enorme, me dijo. Eran más de veinte y vivían en una sola casa. Su padre tenía setenta años y era el patriarca de toda la comunidad. Había establecido leyes e ideales basados en el primer grupo de amish, de hace trescientos años. Eran ideales que ella tenía que sostener y transmitir a sus hijos. Tenía una obligación, me dijo, siendo una de las pocas elegidas. Pero parecía molesta cuando me contaba estas cosas. Yo me daba cuenta de que se sentía culpable cuando pensaba en su familia, especialmente cuando estábamos juntos. Y después de eso, una noche, no volvimos a hablar de ellos nunca más.

Durante ese verano el calor parecía empeorar cada vez más. No había llovido por un récord de seis semanas. En el campo los cultivos se estaban secando y en la ciudad el pasto de las casas, incluso en el barrio de los ricos, se estaba convirtiendo en paja amarilla. No había escapatoria. Incluso por las noches, el aire estaba denso a causa de la humedad y se te pegaba a la piel como toallas mojadas.

Una cosa que le encantaba hacer a Rachel era bajar al valle del río donde había una vieja vía de trenes que estaba fuera de servicio desde hacía más de cincuenta años. En todo ese tiempo a nadie se le había ocurrido sacar los rieles. Estaban oxidados ahora, cubiertos de yuyos, y uno los podía seguir durante dos kilómetros hasta donde cruzaba por encima del río, por un viejo puente de madera de nueve metros de altura.

A Rachel le gustaba correr carreras con los pies descalzos a través de los tablones del puente. Los tablones estaban separados de manera uniforme, a medio metro de distancia entre sí. Cuando había luna llena era sencillo, podías ver dónde pisabas, pero las otras noches, las que eran negras como el carbón, había que hacerlo a ciegas. Era cuestión de fe. Eso y sincronización. Si te resbalabas una vez, si estabas un poco desincronizado, el pie se te podía ir por uno de los huecos y podías romperte un hueso, o incluso peor, caerte por el hueco hasta el agua nueve metros abajo. Y por supuesto, nosotros éramos jóvenes y confiados, y por eso nunca nos resbalamos, ni caímos, ni siquiera nos tropezamos. El truco estaba en crear un ritmo en tu cabeza y concentrarte en él. Pero como dije, mayormente se reducía a la fe, y a confiar ciegamente en que el tablón de madera estaría justo donde uno ponía el pie. Y siempre lo estaba.

Tanner venía a veces con una de las chicas que había conocido esa noche, y llevábamos una manta y té helado al río y nos sentábamos debajo de las estrellas. Algunas noches hacía tanto calor que Tanner y yo nos sacábamos toda la ropa y nos zambullíamos al agua, y las chicas nos miraban y se reían, pero jamás se les cruzaba por la cabeza unirse. Y nosotros, por supuesto, nunca preguntábamos. Conocíamos los límites. Sabíamos hasta dónde podíamos llegar, y la verdad es que no queríamos presionarlas, ya que nosotros éramos unos inexpertos en esas materias, y también porque no queríamos arruinar lo que teníamos. Éramos jóvenes y de alguna manera el sexo parecía necesariamente relacionado con esas otras cosas: responsabilidad, adultez, y nosotros no estábamos interesados en ninguna de esas.

Para ese entonces ya habíamos dejado de ir al restaurante. Ya no nos resultaba emocionante observar las peleas, y Rachel dijo que la deprimían. Más y más gente había empezado a ir para observar al muchacho que siempre estaba dispuesto a pelear, y que se estaba convirtiendo en una celebridad local. Rachel me contó una noche que lo conocía. Me dijo que su nombre era Isaac King y que ella había ido a la escuela con él hasta tercer grado, cuando sus padres lo sacaron para que empezara a trabajar. Me contó que el invierno pasado él había visto morir a su hermano en un accidente de patinaje sobre hielo y que todo el mundo creía que se había vuelto medio loco después de eso. Había dejado de asistir a la iglesia, me dijo, y era cuestión de tiempo para que abandonara la comunidad definitivamente.

Algunos viernes solo conducíamos, los tres, con Rachel sentada entre Tanner y yo. A Tanner le gustaba llevar la camioneta de su padre a las carreteras del campo, que eran pura tierra, y manejar con las luces apagadas. Era lo más terrorífico y divertido que la mayoría de las cosas que había hecho, yendo por esas curvas estrechas a alta velocidad, sin saber qué esperar; algunas veces, incluso, sin saber si todavía estábamos en el camino o no, y luego, saltando un poquito, tomando un poco de aire cuando había una loma o una pequeña colina. Creo que Rachel era la que más lo disfrutaba. Cerraba los ojos y reía, a veces incluso gritaba —ella no tenía vergüenza de mostrar su miedo, como Tanner y yo—, y finalmente, cuando estaba al borde de las lágrimas, le rogaba a Tanner que parara.

—¡No más! —gritaba—. ¡Frena! —Y él lo hacía.

Para julio todo estaba cambiando rápidamente. Muchos de los amish ya estaban partiendo, vendiendo sus granjas a los contratistas que los habían acosado durante años. Rachel nunca hablaba mucho de eso, aunque sé que pensaba en ello. Gente a la que ella conocía desde toda su vida estaba siendo expulsada de sus tierras. Corporaciones con aún más dinero que los amish se habían mudado, les habían ofrecido sumas de dinero imposibles de rechazar, y luego, cuando eso no funcionaba, los amenazaban.

Rachel estaba comenzando a cambiar también. Sé que tenía deseos profundos de dejar la comunidad amish en ese entonces, y desaparecer como tantos otros, aunque nunca me lo dijo directamente, solo me lo había insinuado. Por primera vez había empezado a quejarse del tedio de su vida. Incluso una vez intentó irse. Había empacado un bolso con alguna ropa y comida, pero se detuvo al llegar a la autopista cercana a la granja, cuando se dio cuenta de que no tenía dinero y no sabía qué dirección conducía a la ciudad. Cada viernes que pasaba, el tiempo parecía transcurrir más rápido, y cada vez se hacía más difícil para ella volver a su casa.

Ahora pienso que ella quería que yo hiciera algo. No era raro que las mujeres amish se casaran a los quince o dieciséis años, y sé que ella estaba bajo mucha presión ese verano con el tema del matrimonio. A veces trato de imaginar qué dirían mis padres si la trajera a casa conmigo y les explicara que ella se mudaría con nosotros. Podía imaginarla a ella yendo a la universidad conmigo y asistiendo a clases. A veces me dejaba llevar, ignorando lo absurdo que sonaba eso, queriendo creer que podría funcionar.

Fue un gran verano para Tanner y para mí. El mejor, creo. Aunque el resto de los días que no eran viernes hacíamos poco y nada. Había días en que nos quedábamos adentro por el calor, mirando películas de terror y tomando té helado a raudales, y noches en que nos íbamos solos en la camioneta de Tanner y planeábamos lo que haríamos el viernes siguiente. Estábamos perdiendo el tiempo, desperdiciando nuestras vidas, nos dijeron nuestros padres, y eso sonaba bien. El próximo año sería nuestro último año de secundaria y creo que éramos conscientes, incluso entonces, de que ese sería el último verano en que nuestros padres nos darían mensualidad sin tener que trabajar.

Ellos no estaban nunca en casa ese verano. Había fiestas y

barbacoas cinco o seis veces por semana en nuestra calle y parecía que se emborrachaban cada noche, y no regresaban a las casas antes de la una o las dos de la madrugada. Algunas veces Tanner y yo nos colábamos en esas fiestas solo para robar cerveza. Metíamos diez o doce latas en un bolso de lona y luego regresábamos a mi casa y las bebíamos en el porche trasero, y a veces nos quedábamos dormidos en el jardín sin darnos cuenta.

A fines de julio empezamos a manejar la camioneta hacia lo profundo del campo durante el día. Los caminos eran todos de tierra y estaba prohibido manejar por ahí. Ocasionalmente, íbamos allá un sábado a la tarde con la esperanza de encontrar a Rachel o a alguna de las chicas que Tanner había conocido la noche anterior.

Era diferente allí. Además de la humedad y los chicos, era de alguna manera deprimente ver a los niños amish trabajando en las granjas con ese calor, completamente vestidos con sus trajes de lana negros, luchando con sus herramientas viejas e ineficientes, sus arados empujados por caballos, sus carros con ruedas de acero. Parecía muy cruel.

Un viernes por la noche, le pedí prestada la camioneta a Tanner y la llevé a Rachel a la otra punta de la ciudad para mostrarle mi casa. Estacionamos afuera, y nos quedamos mirándola, sin siquiera hablar. Esa noche mis padres tenían una fiesta en casa y podíamos escuchar a la gente riendo y a la música sonando adentro. Podía imaginar a mi padre desplomado en su gran sillón de cuero reclinable, rodeado de un círculo de invitados todos borrachos, contando historias, y a mi madre llevando bandejas con aceitunas sin carozo y vasos de gin helado. Más tarde mi padre saldría al jardín y comenzaría a arengar a los invitados a luchar, y todos gritarían: "¡Vamos, entrenador! ¡Véncelos!". Mi padre había sido una estrella de lucha libre en la universidad y siempre que se emborrachaba empezaba a desafiar a los invitados.

La idea de mi padre rodando por el pasto con otros adultos me deprimía y de pronto me dieron ganas de regresar al restaurante. Pero Rachel parecía feliz escuchando la música y las risas de adentro.

Después de unos minutos dijo:

—Vayamos adentro.

La miré y de repente me puse a pensar en lo que diría mi padre si yo llevara a mi novia amish a la casa mientras él estaba dando una fiesta. A mi padre, como a la mayoría, no le gustaban los amish.

—Vamos —me dijo—. Quiero probar una cerveza.

Yo le dije que lo más fácil sería que yo entrara a la casa, buscara una cerveza y la llevara a la camioneta.

Unos minutos después salí con un par de paquetes de seis latas y manejamos hasta el río y tomamos las doce cervezas. Después nos acostamos en el pasto cerca del agua y nos comportamos como tontos. Nos sentíamos relajados y cariñosos el uno con el otro. Era la primera vez que Rachel se emborrachaba y eso la divertía. Me besaba en lugares raros: en los codos, los párpados, el meñique.

Después, en un momento dado que no puedo recordar exactamente, empecé a comprender que ella estaba tratando de decirme algo: que estaba bien. Podíamos hacerlo. Esto es, ella lo haría, si yo lo deseaba. Ella agarraba mi cuerpo muy fuerte y me sorprendió. Y me asustó, también. Porque yo ya no sentía ternura, sino algo de enojo, y ahora sé que lo que fuera que ella estaba intentando hacer esa noche no tenía nada que ver conmigo.

Y aunque nunca lo hicimos, ella después lloró por mucho tiempo, y yo la contuve. Y luego, mientras la llevaba de vuelta al restaurante y nos dijimos buenas noches, tuve miedo de no volver a verla nunca más.

A fines de agosto Tanner y yo manejamos campo adentro por última vez. Rachel no había ido al restaurante en las últimas dos semanas y yo tenía la esperanza de volver a verla. Necesitaba hablar con ella. Y Tanner, mi mejor amigo, manejó todo el día para que yo la encontrara.

Nunca la llegamos a ver. Aunque sí lo vimos a Isaac King mientras conducíamos hacia la autopista. Nos sorprendió verlo y nos detuvimos un rato para observarlo mientras él trabajaba en la tierra. Él era como el capataz, a cargo de los más chicos, probablemente sus hermanos y primos. Era una persona diferente allí en el campo. No era callado como cuando estaba en el restaurante, sino despierto y animado. Se movía por la tierra rápidamente, como un animal, y los menores lo escuchaban e, incluso, parecían temerle un poco.

Estacionamos en una colina, fuera de su vista. Nosotros también le teníamos miedo, también a esa distancia. Puedo decir ahora que no lo odiaba realmente. Pero aquellas noches que lo veía enfrentarse a cuatro o cinco niños a la vez, creía que lo odiaba. Lo odiaba por no reconocer la insensatez de la situación, por no resignarse como el resto y partir a su casa. Por no aceptar su lugar, como el resto de nosotros, como lo hacían mis padres, o Tanner, o yo.

Debe habernos visto desde antes porque salió lentamente desde detrás de la camioneta y nos sorprendió. Podría haber pensado que éramos dos de los niños del restaurante, esos que todas las semanas lo molían a golpes, buscando más acción.

Pero si lo pensaba, no dijo nada. Era ilegal para nosotros estar en esas tierras, incluso era ilegal manejar por esos caminos, pero nunca nos pidió que nos fuéramos. Solo se quedó mirándonos hasta que se dio cuenta de que no estábamos ahí para pelear, entonces se dio vuelta y regresó al campo.

Rachel finalmente apareció en el restaurante el último viernes de agosto. Estaba tímida y distante conmigo. Me contó que muchas familias, incluida la suya, se iban a mudar a Indiana a fines de noviembre, después de la cosecha. La ciudad estaba creciendo rápidamente, me dijo. Era solo cuestión de tiempo hasta que los obligaran a partir. Me miraba muy solemnemente mientras me decía todo esto.

—¿Entonces qué significa? —le pregunté—. ¿Te irás para siempre?

Ella asintió.

—Eso creo.

Tomé su mano.

—Eso es terrible —le dije.

—Lo sé —me dijo—. Lo sé.

Me he preguntado varias veces qué habría pasado si aquella noche le hubiera pedido que abandonara su comunidad, que se casara conmigo y viniera a vivir con mi familia. Pensé en preguntárselo entonces, pero hubiera sido algo cruel incluso de sugerir. Mis padres nunca habrían estado de acuerdo. Era un absurdo, cuando caías en la cuenta. Yo era un gran estudiante, después de todo, destinado a ir a la universidad.

Rachel me había estado rogando que la llevara a ver una película durante todo el verano. Nunca había visto una. Entonces, en vez de pasar nuestra última noche hablando, como solíamos hacer, la llevé a un reestreno de una película clásica de Boris Karloff en un lugar llamado Skinny-Mini.

Después de la película manejamos durante mucho tiempo, solo hablando, aunque ninguno de los dos mencionamos esa última noche que habíamos estado juntos. Estoy seguro ahora de que ella había estado pensando en otra cosa mientras mirábamos la película, y también más tarde, mientras conducíamos. Y de alguna manera podía saber, incluso sin que lo dijera, que no iba a extrañar nada.

Manejamos por la ciudad sin hablarnos. Rachel parecía desinteresada, sin siquiera mirar por la ventana. Y la ciudad parecía triste ahora, de la manera en que toda ciudad parece triste cuando se termina el verano. Parecía fría y vacía, como si todo el potencial que Rachel había visto en ella ese verano hubiera desaparecido y ahora contuviera solo el deprimente potencial que tenía durante el año.

Es extraño, pero yo no estaba enojado con ella por partir de esa manera. Podía saber que ella no estaba feliz con eso. Y mientras regresábamos al restaurante, de repente me dieron ganas de decirle todo lo que había disfrutado nuestro tiempo juntos, cuánto había significado para mí. Quería asegurarle que no la iba a olvidar. Pero nunca lo hice.

Cuando llegamos al restaurante, había una multitud en la parte de atrás. Nos acercamos y lo vimos a Tanner observando. Estaba solo.

—Diez minutos —dijo—. No se puede creer.

Isaac King había estado resistiendo por diez minutos. Era un récord.

Estaban todos amontonados en un círculo, gritando, luchando por un lugar. Me acerqué al grupo y encontré un lugar cerca del borde. Pude ver que Isaac King todavía estaba de pie, agitando los brazos.

Lo que nunca comprendí era por qué nunca se rendía. Eso demuestra que no estaba bien. Porque incluso, si era capaz de hacer lo imposible, derrotar a cinco a la vez, habría cinco chicos más esperando en la banquina. Y luego cinco más después de esos. Y así, más.

Pero esa noche estaba claro que había algo diferente. Él no iba a permitir que lo vencieran. De hecho, duró un récord de veinte minutos. Al final, fueron necesarios seis o siete tipos para derribarlo, e incluso, después de haber caído al piso, de espaldas, todavía intentaba mover sus brazos y piernas. Finalmente, uno usó un "dos por cuatro" para noquearlo. Fue un golpe duro, innecesario, y hasta el día de hoy no sé cuál de los chicos se lo dio. Su cabeza se partió cerca de la raya del pelo. Y cuando la sangre comenzó a salir, todo el mundo se dispersó.

Yo caminé hacia donde estaba Tanner.

—Hola —le dije—. ¿Qué mierda acaba de pasar?

—No lo sé —me dijo—. No tengo la más puta idea.

Tomó una media hora cruzarlo hasta el buggy. Estaba perdiendo mucha sangre en ese momento, y luego se desmayó. Yo sugerí llamar a una ambulancia, pero Rachel dijo que nunca usaban hospitales. Traté de insistir, pero ella se puso obstinada con eso.

—No —dijo—. No les va a gustar.

—¿A quiénes? —le pregunté.

Pero se dio vuelta.

Nunca tuve la oportunidad de despedirme de ella. Cuando se fue estaba llorando, aunque yo sabía que no era porque nunca más me volvería a ver.

Tanner y yo nos fuimos a casa después de eso y nunca regresamos a esa parte de la ciudad o hablamos sobre esa noche. En cambio, comenzamos nuestro último año del secundario, rendimos los exámenes SAT, y luego partimos a la universidad, como todo el mundo. Nunca volví a ver a Rachel. Pero unos meses más tarde, me enteré por Tanner que Isaac King había muerto por derrame cerebral seis semanas después de esa noche. Salió un pequeño artículo en el diario y nadie hizo declaraciones.

En la actualidad, la mayoría de los amish ya han partido. Muchos vendieron sus tierras a un precio muy barato a agencias inmobiliarias y a contratistas, y se fueron al Oeste, a Indiana y Iowa. Ahora tenemos nuevos centros comerciales y tiendas outlets donde antes estaban sus granjas, y en el lugar donde solía vivir Rachel, ahora hay actores vestidos de amish con disfraces y barbas falsas, que se paran en el camino, mascando con pipas de mazorcas de maíz, y haciendo señas a los autos de turistas para que se saquen una foto con ellos.

Tengo veintinueve años ahora y no estoy casado. Todavía no soy tan grande, pero a veces soy consciente de que me estoy acercando a la vejez. Tanner vive en California ahora con una mujer que un día será su esposa. Pero me acuerdo de cuando vivía en Leola, a unas pocas cuadras de casa. Y cuando pienso en Rachel ahora, pienso mayormente en esas carreras que solíamos hacer por el puente de las vías, a nueve metros del agua, y todavía me estremezco por nuestra falta de cuidado, por nuestros movimientos a ciegas, sin mirar adónde pisábamos, sin siquiera considerar lo que había debajo de nosotros.

merkin

LA SEMANA PASADA LYNN ME LLAMÓ AL TRABAJO para recordarme de nuestra cena. Yo estaba sentado en la sala de descanso en el Centro, preparando mis apuntes sobre recuerdos creativos para la clase que doy, y algunos de los chicos a mi lado se movían en sus asientos, repasando las nuevas ediciones de *Moby Dick*. Los miré y sonreí, y luego les expliqué que volvería en un minuto. "Esta es una llamada importante", sentencié.

Los chicos asintieron solemnemente y volvieron a sus libros.

Lynn parecía nerviosa al teléfono, me explicaba que esta vez sería un poco diferente porque su padre traería a una acompañante —una *acompañante*, dijo en voz baja, como si fuera un secreto—, y luego pasó a los temas habituales: qué debería ponerme, qué debería decir, cómo se estaba desarrollando nuestra relación.

Durante los últimos tres años he estado fingiendo ser el novio de Lynn cada vez que el padre viene a la ciudad. Hago esto por Lynn porque me lo pide y porque sé que significa mucho para ella. Su padre está rozando los ochenta años y ya está casi ido a causa de los medicamentos que toma, y no importa que yo sea quince años menor que ella. Todo lo que importa es que soy varón.

Este año, como dije, el padre de Lynn iba a traer a una acompañante a la cena, y Lynn me explicó que las cosas con esta mujer debían ser serias para que su padre quisiera presentarla, también agregó que, sin embargo, él no quería presentarla como su novia.

—La llama su "amiga" —me dijo—, así que la tendremos que llamar así también nosotros.

—Okey —le dije.

Luego pasó a una larga lista de cosas que necesitaba acordarme: el auto nuevo que ella acababa de comprar, el impuesto que pagaba sobre ganancias, y el acuerdo sobre su casa.

A la distancia yo podía ver a los chicos compenetrados en sus libros, pronunciando en silencio las palabras para sus adentros.

La mayoría de los chicos a los que les doy clases tienen hipoacusia bilateral progresiva, que quiere decir que nacieron con una audición perfecta, o quizás solo con hipoacusia unilateral, pero gradualmente quedaron sordos con el paso de los años. De algún modo esto hace que sea más difícil enseñarles a ellos que a niños que ya nacieron sordos, aquellos que nunca tuvieron al menos una fugaz esperanza de que algún día su pérdida de audición se revertiría. Pero cuando los veo así, trabajando tan duro para pronunciar cada palabra que leen, me pregunto qué es lo que los hace seguir intentando.

—Hay otras cosas también —me dijo Lynn cuando terminó— que me estoy olvidando.

—Puedes contarme cuando llegue a casa —le dije. Lynn vive enfrente de casa, aunque a veces se olvida de esto.

—¿Me estabas prestando atención? —me preguntó.

—Claro que sí.

Ella suspiró y yo pude escuchar a alguien gritando de fondo.

—Mira —le dije—. Va a estar todo bien, cariño, ¿sí? Va a salir todo perfecto.

El vecindario donde Lynn y yo vivimos está ubicado en una parte de Houston llamada The Heights. Calles tranquilas y residenciales en una zona mayormente de clase media. Ninguna de las personas de nuestro vecindario es rica, pero la mayoría tiene empleos de alta cualificación e hijos, y suficiente tiempo y dinero como para cuidar su propiedad. Por un tiempo, The Heights fueron una especie de zona medio dejada de la ciudad, con edificios abandonados y casas donde se podían comprar drogas. Pero en los últimos años, ha ido creciendo y últimamente he notado que los autos en nuestra calle se están volviendo mejores y algunos de nuestros vecinos han construido nuevos ambientes en sus propiedades o, en algunos casos, piscinas.

La casa de Lynn es por lejos la más linda de la calle, aunque de un tamaño modesto. Tiene una fila de árboles de jacarandá que florecen en primavera y un jardín perenne en forma ovalada que recubre su porche. El año pasado, ella y su hija Georgia sacaron todo el césped de su jardín y plantaron uno nuevo, el bermuda, creo que el más lindo que uno puede tener, y realmente puedes notar la diferencia. Algunos de los vecinos querían imitarla y se acercaban a su jardín tarde por la noche para preguntarle cómo hacía para tener el pasto tan verde.

Es extraño, pero incluso antes de conocerlas a Lynn y a Georgia, yo solía observarlas, miraba cómo caminaban alrededor de su jardín, cómo sacaban los yuyos los fines de semana, cómo plantaban nuevas flores en primavera, o cómo lavaban el auto por las tardes cuando Georgia regresaba de la escuela. Por las noches, los viernes, a veces veía a Lynn en el porche delantero con un extraño —algunas veces un hombre, otras, una mujer—, tomando cerveza y riendo. Me he preguntado si ella sabía que yo estaba ahí, observándola, si sabía cómo me reconfortaba el solo hecho de que estuviera ahí.

Esta noche, cuando vuelvo a casa del Centro donde doy clases, hay un mensaje de Lynn en el contestador en el que me dice que vaya a su casa apenas pueda para repasar algunas cosas que se olvidó de decirme por teléfono. Su voz suena tensa y nerviosa, y de fondo se escucha mucho alboroto.

Sé que esta invitación es solo una excusa. En los últimos meses las cosas han estado mal entre ella y su novia Delphine, y sé que le gusta que yo esté ahí porque eso afloja la tensión en el ambiente y hace que sea más difícil para ellas pelear.

Delphine es mucho más joven que Lynn, como yo, pero siempre que estoy con ella, tengo la sensación de que es mayor: como ese familiar que ha sido designado para mantener la casa en orden. Para evitar que tomemos demasiado, o para hacernos acordar que cortemos el césped. Delphine es muy obsesiva y perfeccionista con algunas cosas, y sé que a veces eso le molesta a Lynn. La manera en que pone la mesa, con cuchillos y tenedores extra que no son necesarios, o el hecho de que use almidón para planchar la ropa, o que se asegure de que el aire acondicionado tenga siempre el filtro limpio.

Delphine no es una mala persona, simplemente es difícil de querer. Difícil seguirle el ritmo, desde mi punto de vista. No tengo nada en contra suyo, simplemente no soy como ella. Siempre que estoy en su casa se enfada y se queja de que necesita más espacio, o de que a veces ni siquiera toco la puerta antes de entrar. Lynn piensa que ella se siente amenazada por mí, por ser tan cercanos, por eso, cuando estoy, ahí trato de ser amable con ella. Le pregunto por sus fotografías o por sus publicaciones, y a veces incluso le pido que me las muestre.

En el último mes Delphine ha estado trabajando en un show en Austin y dos veces a la semana viaja hasta allá y pasa la noche con una mujer con la que solía salir. Si Lynn fuera una persona propensa a los celos, sospecharía de eso, y estaría en todo su derecho, pero no es ese tipo de persona. Ella simplemente le sonríe y la saluda cuando se va, y más tarde, mientras estamos cenando y tomando algo y le pregunto si no le molesta que ella se quede en lo de una ex, ella me guiña un ojo y me dice: "Cariño, yo estoy muy grande para ponerme celosa. Siempre y cuando regrese a casa conmigo, lo demás no me importa".

Y por la manera en que lo dice, moviendo los ojos y acariciando mi mano, yo le creo.

Cuando llego a la casa de Lynn esa noche, encuentro la puerta de entrada abierta y la planta baja a oscuras. Entro, camino por el pasillo y la llamo.

—Hola, cariño —digo, cuando no me contesta—. Estoy en casa.

Los días anteriores a la llegada de su padre solemos jugar a un juego en el que practicamos los términos de cariño que debemos simular. Pero esta noche me doy cuenta de que no está de humor para eso.

—Ella está ahí —me dice cuando llego a la cocina, luego hace un gesto hacia el cuarto oscuro de Delphine.

—Ah, me callo. Lo siento.

En el otro cuarto, el cuarto que solía ser el estudio de Lynn, pero ahora pertenece a Delphine y a todo su equipo de fotografía, puedo escuchar a Delphine que está poniendo un disco de una especie de punk europeo.

—¡Tengo dolor de cabeza! —le grita Lynn a través de la puerta, y un momento después la música se apaga.

—¿Qué te pasa hoy?

—No lo sé —me dice—. Nada. Todo. —Me mira y se encoge de hombros—. Georgia está enojada conmigo.

—¿En serio? —le digo—. ¿Y por qué?

Ella mira en dirección al pasillo en donde está el dormitorio de Georgia y luego susurra:

—La descubrí navegando por internet de vuelta.

—Ah.

Lynn se volvió paranoica con el tema de internet, con todas esas historias de acosadores cibernéticos y tipos raros. Solo le permite a Georgia usar internet para tareas de la escuela o para mandarle mails a su padre.

—Me dijo que me odiaba.

—¿De verdad?

—Cuando le desconecté la computadora.

—Bueno —le dije tomándole la mano—. Es solo una niña, ya sabes.

—Lo sé —me contesta—. Pero nunca antes me había dicho eso.

La miro.

—Quizás deba irme —le digo.

—No —me contesta—. Quiero que te quedes. —Y luego se agacha y agarra una botella de vino que tenía escondida debajo de su silla—. Necesito emborracharme.

Lynn es una cocinera talentosa, y en los cinco minutos que me lleva descorchar la botella y servir una copa de vino para cada uno, ella ya ha calentado un plato de pasta primavera y ha servido dos porciones generosas en los platos. Georgia está en la otra habitación fingiendo estudiar, pero lo más probable es que esté hablando con amigos, y Delphine todavía está en su cuarto oscuro, mezclando algunos químicos. Lynn tiene puesto un delantal y el pelo recogido hacia atrás y se ve exhausta y sublime a la vez.

—Tengo una idea —me dice esa noche más tarde, después de tomarnos casi toda la botella de vino y después de que Georgia se haya ido a dormir.

—Okey —le digo—. Veamos de qué se trata.

—Estaba pensando que quizás le podemos decir que nos vamos a ir a Europa este año.

—Europa —le digo—. ¿Por qué Europa?

—No lo sé —me contesta—. Siempre he querido ir ahí.

La miro y le sonrío.

—¿Y cómo vamos a pagar el viaje?

—Con la plata de tu ascenso. ¿Recuerdas?

—Ah, claro —le sonrío—. Casi lo olvido.

A veces creo que Lynn disfruta más de nuestras vidas ficticias que de las reales. Siempre actúa como si estas cenas con su padre fueran una especie de tarea muy seria que ella tiene que interpretar, pero nunca la veo tan emocionada como en los días previos a su llegada.

En verdad, no creo que su padre lo note realmente. Él está mucho más interesado en hablar de su propia vida o en decirle a Lynn lo que tiene que hacer para mejorar la suya. Él es un texano demócrata, un texacrat, como le dicen, un hombre que está convencido de que Lyndon B. Johnson fue el mejor presidente que este país tuvo alguna vez.

Durante la cena, Lynn me hace un resumen de todas las cosas que le dijo a su padre que habíamos hecho durante el año: nos fuimos de vacaciones a Luisiana, vendimos el auto y compramos uno nuevo, adoptamos un gato del vecindario y refinanciamos nuestra casa. Son todas cosas que Lynn ha hecho en serio, y, por lo tanto, no son tan difíciles de recordar, pero de todos modos insiste en repasarlo todo de vuelta, una vez más antes de irme, para asegurarse de que estamos en la misma página.

Cuando termina toma mi mano y me lleva al porche. Puedo ver que está nerviosa, y cuando nos sentamos en los escalones al costado de la casa, me aparta de una manera conspiradora y me dice que está pensando en cortar con Delphine.

—¿Cuándo has decidido esto? —le pregunto.

—No lo sé —me contesta—. Probablemente hace una semana.

—¿En serio?

Ella asiente con la cabeza.

—Ya no es divertido —me dice—, y encima creo que Georgia la odia.

Yo asiento.

—Hoy tuvimos otra pelea —me cuenta.

—¿Ah, sí?

—Me acusó de estar enamorada de ti.

—Eso es ridículo.

—Lo sé —me dice—. Dice que percibe algo entre nosotros. Una conexión.

—Bueno, quizás solo sea esta semana, por el tema de que tu padre está viniendo.

—A lo mejor —dice y mira hacia el jardín—. No lo sé.

A lo lejos puedo ver a un chico en su bicicleta dando vueltas sin sentido en la mitad del camino.

—¿Y cuándo piensas decírselo?

—No sé —me contesta—. Quizás esta noche. No sé cuándo voy a volver a tener el coraje.

Le agarro su mano.

—Bueno, yo me voy a quedar despierto hasta tarde, por si necesitas hablar.

—Okey —me dice, y luego me besa en la mejilla.

—Buenas noches, querido —me dice.

—Buenas noches, cariño.

Los martes los llevo a los niños sordos al Java House, un café local del centro, y organizo una lectura a micrófono abierto para que ellos puedan leer sus poemas al público. Siempre tenemos una buena concurrencia —nunca más de cincuenta personas, pero igual es una buena convocatoria—, y a los chicos les gusta mucho. Traen a sus padres y amigos, y se paran en un pequeño podio improvisado que les armé el año pasado y leen sus versos.

Algunos de ellos son tímidos, y unos minutos antes de que les toque el turno de recitar, se me acercan y me dicen que están nerviosos, y yo simplemente les doy unas palmadas en la espalda y les digo que no pasa nada. Que pueden leer la próxima vez. Y ellos me sonríen y asienten, pero luego, cuando levanto la vista y los veo observándome, me pregunto si hice lo correcto.

Solo uno de ellos, José, tiene problemas con la lectura. Es segunda generación de dominicanos y mide casi dos metros de alto, y tiene unos buenos veinte kilos de sobrepeso. Los pasa en altura al resto de los niños, como un defensa del medio oeste, encorvándose en la fila de atrás, esperando su turno. Nadie tiene el coraje o el corazón para disuadirlo, para decirle que las palabras que pronuncia son indescifrables para la audiencia, que la belleza de su poesía queda perdida, confusa, cuando lee. Varios de los otros alumnos se han ofrecido a leer sus poemas por él, siempre de manera discreta, amable, asegurándose que él no está presente cuando ellos preguntan.

—No —les digo—. Creo que a él le gusta hacerlo, ¿saben? Creo que para él es algo importante.

Y ellos sonríen y asienten, aunque sé que les duele verlo, que es desalentador para el grupo que el mejor poeta entre ellos sea el único que no puede ser escuchado.

La última vez que José leyó tuvo un ataque de pánico en el escenario. Lynn estaba presente esa noche y pude ver que la angustió. Estábamos sentados en la fila de atrás, observando, y de repente José se paralizó y nadie supo qué hacer. Todos nos quedamos ahí sentados, esperando que se recupere, pero ni siquiera se movió o se fue del escenario. Simplemente se quedó ahí, esperando a que alguien subiera y lo ayudara. Después de un rato Lynn se me acercó y me dijo que hiciera algo, así que me subí al escenario y lo llevé afuera, y la audiencia simplemente se quedó sentada, mirándonos, sin saber si aplaudir o no. Finalmente, otro niño se subió al escenario, tomó el micrófono y todo volvió a la normalidad, y yo pasé el resto de la noche consolando a José en el fondo de la sala, diciéndole que estaba todo bien, que nadie se había dado cuenta.

Para el final de la noche parecía haberse recuperado, pero yo me daba cuenta de que Lynn seguía afectada.

—Odio cuando pasan esas cosas —me dijo, y pude darme cuenta, por sus ojos, de que había estado llorando.

—Ya pasó —le dije—. Mira, está sonriendo ahora.

Pero Lynn no lo miró. Solo se quedó ahí.

—Creo que ya estoy lista para irme —dijo finalmente.

Hay algo en esos niños que la preocupa a Lynn. No pude darme cuenta qué es todavía, pero es algo que tiene que ver con su sordera, creo, que la preocupa, la asusta. A veces viene a las lecturas y se sienta amablemente al fondo, pero nunca esboza una sonrisa ni aplaude. Solo se sienta allí discretamente y cuando todo termina se vuelve a su casa. No entiende cómo lo puedo hacer, me dijo una vez, cómo me puedo obligar a estar rodeado de tanta tristeza cada día.

—¿No te deprime? —me preguntó una vez.

—No —le contesté—. Justamente lo contrario. Me hace feliz.

Y ella simplemente me miró y me sonrió, aunque me di cuenta de que, incluso entonces, no lo comprendía.

Al día siguiente, cuando llego a casa de mis clases en el Centro, veo a Lynn y a Delphine caminando hacia el auto de Delphine y me doy cuenta de inmediato de que Lynn se ha acobardado. Delphine sonríe, y Lynn le devuelve la sonrisa, y están tomadas de las manos mientras caminan hacia el auto.

—¡Te veo mañana! —le grita Lynn mientras Delphine pone marcha atrás y le sopla un beso con la mano.

Siento una tristeza en las tripas y me pregunto por qué.

Lynn nunca conoció a mi exnovia Lauren, aunque hubo un mes antes de que Lynn se mudara enfrente de mi casa, en que Lauren todavía vivía conmigo. Habíamos estado juntos por cinco años, la mayoría de mis veintipico, y cuando finalmente se mudó, sentí que una parte de mi vida se había ido, como si de alguna manera hubiera perdido todos esos años, desperdiciados por nada.

Lauren era una escritora, y una muy buena. Ella era una estudiante en el programa de posgrado de la Universidad de Houston, pero en algún punto del camino, a mitad de su maestría en Bellas Artes, perdió la noción de lo que estaba haciendo, o quizás simplemente se aburrió, y fue durante esa época que empezó a acostarse con uno de los profesores del programa, un famoso novelista cuyo nombre omitiré y guardaré solo para mi intimidad, pero fue un gran problema, algo que su esposa y yo nos terminamos enterando eventualmente. Fue como un puñetazo frío y duro que me golpeaba en el estómago día tras día durante casi un año, y aunque en determinado momento tratamos de resolver las cosas, Lauren se terminó mudando esa primavera, y creo que fue alrededor de la misma época en que Lynn se mudó.

Durante esos primeros meses que Lynn vivía allí, me miraba desde la otra calle y me saludaba si me veía sentado en el porche o cortando el césped, y con el tiempo empezó a venir a casa para pedirme un cigarrillo o a veces una cerveza, y fue gracias a eso, supongo, que empecé a recomponer mi vida.

Fue también alrededor de esa época que empezó a presentarme a algunas de las mujeres de su escuela. Todas profesoras de secundaria y todas más jóvenes que yo. Algunas se acababan de graduar de la universidad y habían querido dar clases durante un año o dos hasta que finalmente conocieran a un hombre, o volvieran a la universidad, o decidieran estudiar alguna otra cosa.

Lo que no le pude explicar a Lynn, y todavía no puedo, es que la sola idea de pensar en estar con cualquiera de estas mujeres, alguien que no fuera Lauren, era imposible de concebir. No me podía imaginar sentarme a la noche con ellas, o acostarme en la cama con ellas. Ni siquiera podía imaginar de qué hablar si llegara a ir a una cita con alguna de esas mujeres.

—Solo sé tú mismo —me decía Lynn, tratando de incentivarme.

Pero al mismo tiempo me decía que le preocupaba que yo me marchara, que conociera a alguien y me fuera a vivir a otra parte, quizás de vuelta a California, donde había crecido, o a Boston, donde había ido a la universidad.

—Sigo pensando en que te vas a marchar —me decía—. ¿Me prometes que no lo harás?

—Lo prometo —le contestaba yo.

—Bien. Porque no sé qué haríamos sin ti. Le rompería el corazón a Georgia, lo sabes, y a mí también.

—Bueno, no podemos dejar que eso suceda —le decía yo.

Después de ver la camioneta de Delphine partir, crucé la calle y llamé a la puerta. Lynn me abre y me da la mano.

—Lo sé —me dice—. Soy una cobarde. No hace falta que hablemos de eso.

—¿Qué pasó?

—No pude hacerlo. Anoche mientras estábamos acostadas en la cama, la miré y la noté tan feliz y en paz que simplemente no pude hacerlo.

Yo sacudo la cabeza y me río.

—¿Crees que soy débil?

—No —le digo—. Creo que tienes consciencia.

—Pensé que podría esperar a que terminara su show. Ha estado trabajando tan duro en él, ¿sabes?, y simplemente no quería arruinarlo.

—Me parece justo.

Ella sonríe y luego me hace entrar y me lleva a la cocina.

—¿Podrías abrirme el vino? —me pregunta, dándome la espalda—. Esta noche conseguí una cosecha especial para nosotros.

Durante los últimos tres años, Lynn y yo habíamos estado jugando a una pequeña competencia para ver quién encontraba la marca de vinos más económica y potable. El vino en caja es nuestra base principal, pero cuando esos no están disponibles, buscamos los americanos baratos, aquellos con una imitación de arte moderno en la etiqueta o la imagen de un viticultor que sostiene un rastrillo. Una vez cada tanto invertimos en un Bordeaux o en un pinot noir, pero la mayoría de las veces nos quedamos con aquellos vinos sin año de cosecha discernible. Vinos a los que llaman simplemente "rojo" o "blanco", o "rosado".

Esta noche Lynn saca uno con una imagen de una rana de dibujo animado en la etiqueta y se ríe. Luego lo desliza a través de la mesa y me guiña un ojo.

—A precio especial de $2.99.

—¡Guau! —le digo—. Te superaste, ¿no es así? —Luego pongo la botella en mis labios y doy un sorbo—. Delicioso —digo.

—Mentiroso —me sonríe.

En noches como esta, en que Lynn está relajada, suele contarme cosas de su vida, cosas de las que en general evitaría hablar. Me cuenta de sus primeros años en Nueva York, o de los meses posteriores a la partida de su esposo, que fue cuando se dio cuenta de que era bisexual. Pero esta noche puedo notar que no está de humor, y mientras nos vamos tomando la botella entera, puedo ver su creciente melancolía y tensión. Me parece que está pensando en Delphine o Georgia, pero cuando finalmente le pregunto qué le sucede, ella solo me mira y se encoge de hombros.

—Ni siquiera sé su nombre —me dice después de un rato.

—¿De quién?

—Su amiga —me dice—. Esa mujer que va a traer a la cena. Ni siquiera sé su nombre.

—Bueno, quizás solo está nervioso por ello —le digo.

—No lo sé —me responde—. Quizás.

Luego mira hacia el jardín y yo la sorprendo haciendo una mueca. Ella suspira.

—¿Sabes? —me dice después de un momento—, su primera fue cuando yo tenía nueve años.

—¿Su primera?

—Su primera aventura. Fue con una mujer que solía vivir en la calle de enfrente de casa. Una mujer llamada Sra. Ross. Yo iba a la escuela con sus hijos.

Yo la miré.

—¿Tu madre lo sabía?

—No lo sé —me dice—. Creo que ella probablemente lo sabía. Él nunca lo blanqueó y ella nunca salió a confrontarlo. Solía odiarla por eso, por no confrontarlo.

La miro y asiento. Luego agarro el vino y le sirvo otra copa.

—Creo que he bebido suficiente de esto —dice, al rato, empujando su copa hacia atrás—. ¿Quién hubiera pensado que iba a ser una cosecha tan deprimente?

—Lo sé —le digo—. Señor Bajón, ¿no es así?

—Así es —dice, y se ríe.

Antes de irme Lynn me ofrece quedarme a dormir en el sofá, pero yo me niego.

—Solo si te hiciera sentir mejor —le digo.

—Lo haría —me dice, y luego me besa en la mejilla—. Pero no pasa nada.

Me lleva hasta la puerta y me da un abrazo.

—Estaba pensando en que podríamos ir a un mexicano mañana. Mi papá adora la comida mexicana, ¿sabes?

—Okey —le digo—. Eso suena genial.

—A no ser que quiera comer en su hotel, lo que probablemente hace.

—Lo que tú quieras —le contesto—. Solo házmelo saber.

Luego Lynn me acompaña afuera y me abraza.

—¿Sabes lo que eres? —me dice, después de un momento, acercándose todavía más—. Eres mi *barba*[1].

—Pensaba que solo los hombres gays tenían barba.

—No —me contesta—. Las lesbianas también tienen barba.

—¿No debería llamarse de otro modo? —digo.

—¿Cómo qué?

—No lo sé —le digo, tratando de pensar el equivalente femenino, algo que no la ofenda.

—Creo que se le llama *merkin*[2] —dice finalmente—. Lo escuché una vez. El equivalente a barba.

Luego se inclina hacia mí y me besa, esta vez en los labios. Un beso borracho y sin sentido.

—Creo que es hora de irme —le digo después de un rato.

—Okey —me contesta y me suelta.

Al día siguiente, cuando voy a trabajar, lo encuentro a José sentado en el pequeño jardín japonés afuera del Centro. Está fumando un cigarrillo, algo que algunos de los profesores le permiten hacer. Ello está contra las reglas de la escuela, y si bien no lo toleran,

---

1 *Barba*: en *slang* se refiere a una mujer que acompaña a un hombre homosexual para dar la impresión de que él es heterosexual. (N. del T.)

2 *Merkin*: pelo artificial para las partes privadas; una peluca púbica femenina. De ahí el juego de palabras con *barba*. (N. del T.)

cuando él sale afuera a hacer eso, ellos simplemente apartan la vista. Hay un consenso general de que fumar es el menor de los problemas de José.

—¿Estás entusiasmado por la lectura? —le pregunto.

Él asiente y sonríe. Luego saca un trozo de papel de su bolsillo.

—¿Eso es lo que planeas leer?

Él vuelve a asentir y me lo entrega. El poema es largo y casi ilegible, pero llego a descifrar las primeras líneas:

Soy la ausencia de una persona / una boca sin voz.

Finjo leer el resto, pero es difícil de entender, y luego le hago un pulgar para arriba.

—Hermoso —afirmo.

—Gracias —me contesta.

Además de ser sordo, José tiene diabetes y sufre de depresión severa. Creen que es bipolar y lo empezaron a medicar contra eso. Parecía haber heredado los peores genes de su familia, sin embargo, nunca te darías cuenta por su forma de actuar. Sus dos hermanas eran ambas esbeltas y hermosas, estudiantes becadas en Rice. Venían a sus lecturas a veces y se sentaban al fondo, y cuando no venían era porque se quedaban en sus dormis de la universidad. "Están muy ocupadas estudiando", me explicaba José cuando yo le preguntaba. O: "Tienen novios, ya sabes".

El año pasado el papá de José, que trabaja para una compañía que se especializa en consolas de videojuegos vintage, de tamaño real, donó una de las máquinas originales de Galaga al Centro.

A los niños les encantó ese juego, por supuesto, y se notaba que José estaba orgulloso de que su padre lo hubiera donado. Durante toda una semana José caminó por la escuela con una gran sonrisa en su rostro, y me puso feliz verlo así, aunque también me entristeció pensar que esta era la única vez que su padre había aparecido en la escuela.

Cuando me voy del Centro más tarde ese día, José todavía está sentado en su banco al lado del jardín. Está repasando el poema, pronunciando las palabras en silencio para sus adentros.

Yo me acerco y me paro enfrente de él, y luego de un rato se da cuenta de que estoy ahí y levanta la mirada.

—Te quería desear buena suerte —le digo.

—¿No vas a venir?

—Voy a tratar de ir más tarde —le respondo—, pero es probable que me pierda el comienzo.

—Yo paso al final —me dice.

—Lo sé.

Él asiente.

—¿Estás bien?

—Sí. ¿Por qué?

—Te ves triste —le digo.

Hace una breve pausa y luego me mira y sonríe.

—Sí —me dice—. Tú también.

Unas semanas después de que Lauren se marchó, me envió un largo correo en el que detallaba cada cosa que había salido mal en nuestra relación, empezando por su infidelidad con su profesor, y terminando con lo que ella llamaba nuestra "interrupción en la comunicación". Me acusaba de ser distante y ensimismado. Me reclamaba que yo nunca hacía un esfuerzo para escucharla, que para mí bastaba con estar juntos y que no hacía falta hablar. Me reclamaba también que yo no le estaba dando lo que ella necesitaba, que estaba demasiado bien con el statu quo. Quería que yo fuera más activo, decía, menos pasivo. Quería que yo deseara las mismas cosas que ella, y que viera un futuro para los dos.

"Eres un hombre de veintiséis años que fuma marihuana y juega videojuegos", me escribió al final de la carta. "Esto no es lo que esperaba". Y luego en la firma decía: "Con amor, Lauren". Y una posdata en la que me decía que no la contactara.

La contacté, sin embargo, unas semanas más tarde. Era de noche, muy tarde, y yo estaba fumado, y le escribí una respuesta a su carta contestando punto por punto a sus argumentos, en donde le explicaba que cada uno de sus reclamos eran débiles e infundados, y que ella estaba usando mi conducta del pasado para justificar sus acciones. "No me gusta ser reducido a un estereotipo", le escribí al final, en referencia a su comentario sobre la marihuana y los videojuegos, y la firmé: "Con amor, Michael".

Ni bien se la envié, me arrepentí. Y cuando la releí al día siguiente, me sentí deprimido. Estaba llena de non sequiturs y razonamientos incorrectos, sin mencionar errores ortográficos y erratas. Cuando la había escrito, me sentía muy convencido, pero ahora, mientras la releía, me parecía muy infantil y con un tono a la defensiva. Pensé en escribirle otro mail, disculpándome y explicándole que estaba drogado cuando la escribí, pero me di cuenta de que eso solo iba a confirmar sus teorías sobre mí.

En lugar de eso, borré ese segundo mail y esperé su respuesta. Pero nunca llegó.

A veces pienso que sería mejor si yo fuera más como Lynn. Cuando el marido de Lynn la engañó con otra mujer, ella no tuvo ninguna intención de buscar venganza o siquiera algún tipo de retribución de su parte. Ella simplemente continuó con su vida y luego, después de mucho asesoramiento y diálogo, le pidió el divorcio. Estaba roto, me contó después, demasiado roto para ser arreglado. Pero cuando le pregunté si estaba enojada, ella solo sonrió y dijo: "Se necesitan dos personas para romper un matrimonio, cariño. Y yo era una de esas dos personas".

Cuando llego a la recepción del hotel, el conserje me informa que el huésped alojado en la habitación 412 ha salido por la tarde, pero dejó una nota para mí. Tomo la nota y la abro. En letras grandes y en negrita Lynn ha escrito: "LA CENA HA SIDO CANCELADA", y más abajo, con letra más pequeña: "Ven a verme al bar".

Le pregunto al conserje dónde está el bar y él me señala el pasillo, cerca de los ascensores.

En la parte de atrás del bar a media luz, que está decorado con un exótico salón tiki, la encuentro a Lynn sentada a una pequeña mesa de vidrio, sola, bebiendo un daiquiri en un vaso alto.

—¿Qué pasó? —le digo.

—La cena ha sido cancelada —se encoge de hombros.

—¿Viste a tu padre?

—Nop —sacude la cabeza.

—¿Te dejó una nota?

—Sip.

—¿Qué decía?

—Decía: "La cena ha sido cancelada".

—¿Eso fue todo?

—No. También decía que se iba a encontrar con algunos clientes en una parrillada en las afueras de la ciudad. Muy importante. Dijo que esperaba que entendiera y que a lo mejor podíamos desayunar juntos mañana antes de que se fuera.

—Es broma.

Lynn sacude la cabeza.

—Típico —me dice—. La historia de mi vida.

—Tanta preparación para nada.

Ella sonríe.

—Siéntate —me dice—. Me voy a emborrachar.

Me siento y llamo a la moza, y le pido lo mismo que está tomando Lynn. La moza, vestida como una bailarina polinesia, me sonríe educadamente y asiente.

—¿Por qué no la invitas a salir? —me dice Lynn después de que se retira la moza.

—Tiene como veintidós años —le contesto.

—Nunca detuve a mi padre —dice, y se ríe.

Tomo su mano y sonrío, y luego ambos miramos al escenario, al fondo del bar, donde un trío de jazz empieza a montar sus equipos y a probar sonido.

Cuando la moza regresa con mi trago, Lynn me dice:

—Tengo que contarte algo.

—Okey —contesto—. Dispara.

—Creo que acabo de cortar con Delphine.

—¿Cuándo?

—Esta tarde, justo antes de venir acá.

—¿Qué pasó con lo de esperar a que terminara el show?

—Delphine —me dice—. Delphine es lo que pasó.

—¿Quieres que hablemos de eso?

—No —me dice—. La verdad que no.

Luego se pone a mirar la cascada y por un momento parece paralizada.

—Ella estaba leyendo mi diario, supongo. No sé durante cuánto tiempo, pero lo estaba leyendo.

—Entonces sabía.

—Sí.

—Qué traidora —le digo, y Lynn se ríe.

Luego agarra su trago y da un sorbo largo.

—¿Y qué fue lo que dijo?

Lynn se encoge de hombros.

—Ah, no lo sé. Lo de siempre. Que soy una mentirosa, que estoy secretamente enamorada de vos, que nunca fui una lesbiana, etcétera.

Yo me río.

—Bueno, ¿te sientes mejor al menos?

—No —me contesta—. Me siento peor.

Después de un rato desliza la nota del padre sobre la mesa. Dibujó una X negra y grande en toda la hoja y tachó la parte donde estaba la firma de su padre. La nota dice básicamente lo que ella me contó, pero con palabras más amables.

—¿Sabes? —le digo—. Todavía podemos irnos a Europa.

Ella sonríe.

—¿Y quién lo va a pagar?

—Yo —le digo mientras le tomo la mano.

Me mira y se ríe, y yo doblo la nota de su padre y se la devuelvo.

—¿Y qué vamos a hacer ahora? —le pregunto.

—Lo que quieras —me responde—. Pero me parece que tenemos que irnos de aquí.

Apoya unos billetes sobre la mesa y me dice que esta noche ella paga los tragos.

Cuando nos vamos, ella se detiene en la recepción del hotel y le devuelve la nota al conserje. Le dice que por favor se asegure de devolverle la nota a su padre. Luego me mira y me guiña un ojo.

—Venganza —me explica—. ¿No es algo dulce?

Cuando nos vamos del restaurante le pregunto a Lynn si no le importaría parar un momento en el Java House para escuchar el final de las lecturas. Ella me mira y asiente.

—Claro que sí —me responde—. Por qué no.

—Es la última —le comento—. De lo contrario no me importaría.

Sonríe y mira por la ventana. Se nota que está inmersa en sus pensamientos. A nuestro alrededor, las calles de Houston, relucientes y luminosas: daiquiri bars con marquesina de neón, salones de tatuajes, taquerías.

—Desearía que fueras diez años mayor que yo, y que yo tuviera diez años menos que tú. Entonces nos podríamos casar —me dice.

Yo le sonrío.

—Eso no es lo que deseas realmente.

—¿Cómo lo sabes?

—Porque si fuera así, no te importaría la diferencia de edad.

Ella me mira y me sonríe, y luego mira para otro lado.

—¿Alguna vez piensas en eso? —dice después de un rato, mirando por la ventana.

—¿Eso?

—Nosotros. Vos y yo. Cómo sería si alguna vez saliéramos juntos.

—Soy demasiado manso para ti —le respondo.

—Estoy hablando en serio —me dice.

—Sí —le contesto—. Pienso en eso.

—Yo también —me dice, y asiente—. Supongo que eso es todo lo que quería saber.

En ese momento me doy cuenta de que podría acercarme a ella y agarrar su mano. Podríamos detener el auto a un costado del camino y ella me besaría. Me doy cuenta de todo eso, pero por alguna razón no me parece lo correcto, y sé que es solo el alcohol y la repentina soledad de Lynn, su miedo a volver sola a una casa vacía.

Cuando llegamos al Java House puedo sentir las risas y los aplausos que llegan hasta la calle y se mezclan con el aire húmedo y caliente de la noche. Lynn me pide un cigarrillo antes de entrar.

—Necesito llamar a la niñera —me dice, mientras le prendo el cigarrillo—. Le dije que volvería a casa a las nueve.

—Okey —le contesto y me prendo un cigarrillo para mí también.

Lynn cruza la calle para llamar a su casa y yo me quedo en la vereda debajo de las palmeras y miro por la ventana a los estudiantes mientras leen sus poemas. No puedo entender lo que dicen, pero puedo escuchar las risas ocasionales de la audiencia y los aplausos suaves y constantes. El interior del Java House está iluminado con una luz plácida, acogedora, y me llena el corazón de calidez.

Cuando la miro a Lynn, ella está gesticulando dramáticamente mientras habla por teléfono. Le señalo mi reloj, como para avisarle que la lectura está por terminar, y ella me hace un gesto con la mano. Un minuto después corta el teléfono, camina hacia mí y entrelaza su brazo con el mío, y nos quedamos ahí parados mirando por la ventana.

Adentro puedo ver a José que se levanta y se pone a caminar hacia el escenario, pasando torpemente por entre la multitud. Los otros estudiantes comienzan a aplaudirlo y a alentarlo, y José hace gestos de saludo con la mano.

—Ahí está José —le digo a Lynn.

—Entremos —me contesta.

—No —le digo—. No importa.

Y luego me acerco a ella y le paso mi brazo por su espalda mientras miramos adentro.

José toma el micrófono y dice algo, luego se para detrás del podio y saca su poema. Puedo decir, por la expresión en las caras del público, que realmente no logran entender lo que está diciendo, pero no tiene importancia.

En ese momento lo único que me importa es estar ahí con Lynn, abrazado a ella mientras me deje. Y los dos observando, mirando los labios de José, los movimientos repentinos de sus cejas, un niño incapaz de comunicarse con el mundo que lo rodea, hablando en un idioma que nadie más conoce.

tormentas

MI HERMANA SIEMPRE HA TENIDO cierto poder sobre mí. Incluso cuando éramos niños y ella iba y venía del hospital, incluso entonces, no hacía nada sin consultarlo con ella. Hacía todo lo que me pedía, decía todo lo que ella quería que dijera. Y años más tarde, fue a mí a quien le contó que estaba buscando quedar embarazada, fui yo quien la cubrió cuando se pasó todo un semestre viviendo con su profesor de cine de treinta años, y fui yo quien la defendió y protegió incondicionalmente de nuestra madre. Por lo tanto, resultó natural que fuera yo quien atendiera el teléfono el verano pasado cuando ella llamó desde París para avisar que volvería a los Estados Unidos, pero sin su prometido Richard. La llamada llegó alrededor de la medianoche, justo después de haberme quedado dormido, y apenas escuché su voz del otro lado del tubo supe que algo andaba mal. Habló un largo rato sobre su viaje, pero cuando la conversación llegó al tema de las tormentas con Richard y por qué él no volvería a los Estados Unidos, ella se negó a decir una sola palabra. Simplemente dijo que iba a estar volando a Filadelfia al día siguiente y que iba a viajar sola. "Voy a volver a casa *sans* Richard", me dijo.

La noche siguiente, una lluvia ligera demoró el tráfico en la carretera interestatal, y cuando finalmente llegué al aeropuerto, vi a Amy sentada en la vereda frente al área de retiro de equipaje, apoyada sobre sus dos mochilas. Se veía pálida y cansada, como si no hubiera dormido en varios días. Llevaba el pelo recogido con una bandana y su rostro tenía esa expresión de ojos vidriosos que tienen los pasajeros transatlánticos. La saludé con la mano y cuando me vio se paró y llevó sus dos bultos al baúl.

—Me quiero morir —me dijo mientras se subía al asiento del acompañante.

—Es bueno verte también —le dije.

Ella miró por la ventana.

—¿Quieres hablar de eso? —le pregunté mientras aceleraba con el auto.

Ella sacudió su cabeza.

—¿Estás segura?

Mi hermana asintió.

Mientras nos alejábamos del aeropuerto, yo me di cuenta de que el viaje de regreso a la casa de nuestra madre sería largo y silencioso. Y aunque estaba seguro de que algo había pasado entre Richard y ella en el viaje, no quería entrometerme. Con Amy, insistir no servía de mucho. Solo la hacía aislarse más. Así que conduje en silencio, ignorándola, y finalmente, cuando estábamos llegando a la interestatal, pasando las verdes tierras de cultivo en las afueras de Filadelfia, en dirección al norte, hacia las colinas boscosas en donde vive nuestra madre, ella bajó su ventana, encendió un cigarrillo y me empezó a contar la historia.

Habló con calma al principio. Dijo que había habido una pelea en España. No una gran pelea, pero una pelea al fin. Algo sobre el hostel y quién lo había pagado, y un montón de otras tonterías que se habían estado acumulando con los días. En un momento de la discusión Richard se había levantado, había tirado su equipaje en el suelo y dijo que se iba a caminar. Habían estado sentados en una estación de trenes en el centro de Barcelona, esperando el expreso del mediodía para volver a París, y Richard acababa de irse dejándola sola por su cuenta. Veinte minutos después el tren había partido. Entonces, durante el resto del día, mientras la multitud se dispersaba y el cielo oscurecía, ella simplemente se sentó en el banco, a esperarlo. Sabía que él había desaparecido a propósito. Le había hecho lo mismo en París, la había dejado sola sentada en un café por dos horas. Quería castigarla, pensó, o quizás solo hacerla sentir culpable por lo que fuera que lo había hecho enojar. Pero cuanto más se demoraba él en volver, menos ganas tenía ella de verlo. Al anochecer, solo quedaban ella y un par de familias españolas amontonadas debajo de las luces de la plataforma de trenes. Se quedó en la estación otra hora más, pero cuando vio que Richard no volvía y el último tren a Gare du Nord arribó, simplemente decidió subirse. Tenía las mochilas de ambos, los pasajes de Eurail, y toda la plata de Richard con ella.

—Dios mío —le dije, cuando terminó el relato—. ¿Esto es en serio?

Amy asintió.

—¿Por lo menos tiene su pasaporte encima?

Ella me miró y luego bajó la ventanilla y encendió otro cigarrillo.

—Amy —le dije—. Richard necesita su pasaporte para poder irse del país.

—Soy consciente de eso —me dijo.

—¿Y qué me dices del dinero? —le pregunté—. ¿Tiene algo de plata?

Se encogió de hombros.

—No lo creo.

Miré a mi hermana.

—Lo sé —me dijo—. Lo sé. Soy una horrible persona.

Su cabeza estaba de costado. Estaba mirando por la ventana el cielo del atardecer, que se oscurecía detrás de las colinas.

—¿Sabes cómo se hace llamar ahora? —me dijo.

Yo la miré.

—Rick. Siempre que vamos a una fiesta se presenta como Rick. ¿Puedes creerlo?

No le respondí.

Afuera estaba lloviendo, y cuando salimos de la interestatal, Amy levantó la ventanilla y se recostó en su asiento.

—No me quiero casar con alguien llamado *Rick* —me dijo.

Nuestra madre vive en una casa enorme, blanca y colonial, que está escondida al final de un largo camino privado en las afueras de Filadelfia, en una zona de colinas boscosas. Nuestro padre compró esa casa a fines de los sesenta, y después de su muerte se convirtió en una tradición ir todos los veranos, sin importar cuán ocupados estemos Amy y yo, a pasar un fin de semana largo en agosto. Nuestra familia nunca fue unida, no en un sentido tradicional, pero creo que con el tiempo todos empezamos a tomarnos este fin de semana en serio y, cada uno a su modo, lo esperamos con ansias cada año. Ese verano la visita fue planeada como una celebración en honor a la boda de Amy y Richard. Solo que ahora Richard estaba varado en algún lugar de España, Tom, al parecer, estaba en el hospital por una herida en el pie, y para colmo, una fuerte tormenta había estado subiendo hacia la costa este durante la semana. Todas las carreteras secundarias del condado estaban bloqueadas, había desvíos a lo largo del río, y más arriba, en los suburbios boscosos donde vive nuestra madre, los autos de la policía estaban bloqueando algunas de las calles laterales. Apenas llegamos a la casa de nuestra madre, nos sentamos en la cocina a escuchar el informe del clima; y luego, cuando quedó claro que mi madre y Tom no regresarían, llevamos nuestras bebidas al living y nos pusimos a jugar a las cartas.

Creía que estar en casa le levantaría el ánimo a Amy. Tenía la esperanza de que se confortara con la familiaridad de este entorno. Pero ella casi no emitió palabra desde que llegamos. Jugamos al gin rummy en silencio, y cada vez que perdía una mano, bajaba sus cartas, suspiraba, y luego se paraba y se servía otro trago. Yo todavía estaba procesando lo que le había hecho a Richard allá en España.

Para ser honesto, nunca me cayó bien Richard. La primera vez que lo vi supe qué tipo de doctor iba a ser y qué tipo de marido iba a ser con Amy. Era un hombre alto e imponente que tenía una tendencia a contar historias largas e insípidas sobre su experiencia en la universidad de medicina. Y aunque no me gustaba la idea de que formara parte de nuestra familia, me molestaba que hubiera sido abandonado en un país extranjero y que nadie pensara hacer nada al respecto. Siempre sentí cierta compasión por los hombres con los que salía mi hermana. Como si hubiera un entendimiento tácito, incluso antes de conocerlos, un guiño consolador a los estados de ánimo de mi hermana y su temperamento. Nunca fue una chica fácil de tratar, y nunca envidié a ninguno de estos hombres.

Pero esto era diferente. Richard era el hombre con el que se iba a casar. En menos de dos meses serían marido y mujer. Y me costaba creer que alguno de ellos quisiera hacer algo para boicotear eso.

Intenté varias veces abordar el tema con Amy, pero cada vez que mencionaba el nombre de Richard, ella gruñía y me contaba otra cosa que él había hecho en el viaje para molestarla. Por ejemplo, la vez que él dejó los lentes de sol de ella en un restaurante en Bayonne. O la vez que se la pasó arrastrándola por todo París, buscando la tumba de Victor Hugo. O cómo insistía en ordenar cada comida en francés. Hablaba de él en tiempo pasado y se refería al viaje como si hubiera sido un tipo de coyuntura fundamental, un callejón sin salida, del que no había escapatoria ni solución. Yo no le contesté. La observaba en silencio, esperando a que algo en su expresión se quebrara. Pero sus ojos permanecieron impasibles, concentrados en las cartas.

Cuando terminamos la última partida de gin, la ayudé a llevar las mochilas a su cuarto, y durante todo el trayecto la escuché quejarse de su jet lag, y de no haber dormido en dos días, y luego, cuando llegamos a la puerta de la habitación, apoyó la mochila y suspiró.

Le dije:

—Realmente lo siento, Amy.

—¿Por qué? —me preguntó—. No es tu culpa que Richard sea un tarado.

Le toqué el hombro.

—Va a estar todo bien —le dije.

—No —me corrigió—. No lo va a estar.

Mi madre llamó alrededor de la medianoche. Tom y ella habían pasado la mayor parte del día en el hospital, y a causa de la tormenta pasarían la noche allí también. Por el sonido de su voz me di cuenta de que estaba angustiada. Me contó sobre la herida de Tom, su cirugía, y que ahora estaba en el postoperatorio, durmiendo. Luego me preguntó cómo estaban Amy y Richard. Yo no le había contado nada sobre el llamado de Amy de la otra noche, y no veía ninguna razón para mencionarlo ahora. A principio de año casi rompió en llanto cuando Amy amenazó con cancelar la boda, y yo sabía que no iba a poder procesar muy bien la noticia cuando se enterara de que Amy había abandonado a Richard en España. Yo ya me había armado una imagen de cómo sería la escena: mi madre llorando, alguien dando un portazo, una reliquia de la cocina partiéndose a pedazos sobre el mosaico. Sabía exactamente cómo iba a reaccionar mi madre, y no quería estar presente cuando eso sucediera. Por eso le dije que todos estaban bien, y luego le pregunté cómo lo estaba llevando Tom. Mi madre me explicó que todavía estaba muy dolorido.

—Él desea que todos ustedes estén aquí —me dijo—. No para de preguntar por ustedes.

Por lo que me había contado mi madre más temprano, Tom se había fracturado un hueso pequeño del pie mientras jugaba dobles mixtos en la cancha de tenis del club esa mañana. Y luego, bajo los efectos de los sedantes para el dolor, la había culpado a ella, su compañera, por no cubrir su lado de la cancha obligándolo a él a hacer una embestida imprudente en el último momento para una pelota perdida. A la edad de sesenta y cuatro, Tom llevaba acumulados más de veinte títulos de tenis senior. Había una estantería llena de trofeos y una pequeña placa con la imagen de su cara en el club. Yo sabía que esta lesión sería un grave revés para él y que, de alguna manera, nos haría a todos responsables por ello.

Le dije a mi madre que le mandara un saludo a Tom de mi parte, y después de cortar el teléfono, me fui caminando hasta el jardín trasero y encendí las luces de la pileta. Llovía fuerte ahora, los árboles se agitaban con el viento, y el agua de la piscina rebalsaba del deck de concreto. Pero era una noche cálida y, a pesar de la tormenta, había algo reconfortante en el hecho de estar de vuelta en un entorno familiar. Desde el jardín trasero de la casa se podía ver a la distancia mi vieja escuela, un conglomerado de edificios de piedra al final del bosque, y más lejos, las colinas y el valle que conducían al río. En los años que pasaron desde que nuestro padre murió, en los años que estuvimos solos, este paisaje había adquirido una extraña cualidad nostálgica para mí. Por momentos parece pertenecer a una era diferente, a otra vida. Todavía me acuerdo que de niño me sentaba con Amy en el jardín a esperar a que nuestro padre regresara de trabajar. Nos sentábamos ahí casi todas las noches, mientras el sol se ponía detrás del bosque y todo a nuestro alrededor se desvanecía en la oscuridad. Nos sentábamos ahí pacientemente, conversando y riendo, esperando que las luces de su auto aparecieran al final del camino, y nos aliviábamos cuando las veíamos porque, a pesar de nuestros peores temores, él había logrado volver a casa sano y salvo.

Después de un rato apagué las luces de la piscina y volví a entrar. La casa estaba oscura ahora, y mientras subía las escaleras, pude escuchar suaves sollozos contenidos provenientes de la habitación de Amy. Me detuve afuera, sobre su puerta, por un momento. Pero antes de que pudiera golpear, el llanto se detuvo y Amy dijo:

—Sé que estás ahí afuera.

—¿Puedo entrar? —le pregunté.

—No —me dijo—. No puedes.

A la mañana siguiente me quedé en la cama por un largo rato, escuchando el informe del tiempo. Todavía advertían sobre severas tormentas eléctricas, aunque por el momento parecía que esquivaríamos el ojo de la tormenta. Afuera se formaban grandes charcos de agua en el césped, y un pequeño afluente bajaba por el borde de la entrada. Noté que el auto de mi madre ahora estaba estacionado afuera en el garaje, pero no escuché ningún ruido proveniente del interior de la casa. Me quedé en la cama otra hora más, leyendo, y luego, alrededor de las diez, escuché a mi madre y a Amy conversando en la cocina. No pude descifrar lo que se decían, pero por el elevado tono de la voz de mi madre supuse que Amy le estaba contando lo de Richard. Un momento después escuché un portazo de la puerta trasera, y cuando miré por la ventana de mi habitación, la vi a Amy metiéndose en el auto de mi madre y conduciendo bajo la lluvia. Cuando bajé, unos minutos más tarde, la cocina estaba vacía y había una pila de platos sucios en el fregadero. A través de la puerta del jardín pude ver a Tom en una silla de ruedas, dando vueltas alrededor del patio de lajas junto a la pileta. Tenía puestas unas zapatillas blancas, que ahora estaban empapadas, y un yeso que le llegaba hasta la rodilla.

Al igual que a mi hermana, Tom no me agradaba. Durante la mayor parte de su vida había sido director en una prestigiosa escuela preparatoria en Bryn Mawr. Pero un tiempo después de conocerla a mi madre, decidió jubilarse y concentrarse en el tenis, lo que él llamaba “su verdadera vocación”. Amy había tenido sus reservas sobre Tom desde el comienzo. Tenía la teoría de que él iba tras el dinero de nuestra madre. Pero yo había tratado de ser tolerante con él. Y la verdad es que lo había hecho hasta la noche de la boda de nuestra madre, cuando él entró en pánico a último minuto y le pidió a su abogado que redactara un acuerdo prenupcial. Todo ese asunto había sido muy angustiante y absurdo, dado que era Tom quien se mudaría a la casa de nuestra madre, y quien manejaría el auto de nuestra madre, y quien usaría la membresía del club de nuestra madre, que le permitiría acumular más de sus codiciados trofeos. De hecho, era la plata de nuestra madre la que había podido pagar el yeso que estaba usando Tom en ese momento. Lo observé mientras intentaba atravesar las lajas del patio bajo la lluvia. Cuando llegó al borde de la pileta, me di vuelta y entré al living, y luego fui al porche lateral donde encontré a mi madre sentada alrededor de una pequeña mesa de vidrio.

Encendió un cigarrillo y me observó, ausente.

—¿Estás bien? —le pregunté.

Ella asintió y luego me hizo un gesto para que me sentara a su lado. Deslizó el atado de cigarrillos por la mesa y yo tomé uno.

—¿Cuál es su problema? —suspiró—. ¿Ella simplemente odia todo?

—No —le contesté—. No odia todo. Creo que solo odia a Richard.

Mi madre volvió a suspirar.

Yo me acerqué y tomé el encendedor de su mano. Prendí mi cigarrillo y por un largo rato nos quedamos ahí sentados, sin hablar. Mi vida entera en esa casa había estado llena de momentos como ese, momentos de silencio. Siempre me ha parecido una mujer intrínsecamente triste, una mujer que en muchos sentidos nunca encontró la manera de llenar la ausencia que nuestro padre había dejado en su vida. Durante dos años de mi secundaria, éramos solo ella y yo viviendo en la casa, y todavía recuerdo cómo ella se sentaba conmigo en la cocina mientras yo hacía la tarea. Me sonreía cada vez que yo levantaba la vista, pero yo podía ver en su mirada lo infeliz que era. Así se veían sus ojos durante la mayor parte de mi infancia, y así es como se veían ahora, una mirada que me decía que en su vida había habido más disgustos que placer. Después de un rato me incliné y acaricié su mano.

—Va a estar todo bien —le dije—. Es solo una pelea. Probablemente los nervios. Están nerviosos por la boda.

—No va a haber una boda —me contestó.

—No lo sabemos —le dije.

—¿Realmente crees que él querrá casarse con ella después de lo que pasó?

—No lo sé.

—¿Te casarías con alguien que te dejó abandonado en España?

Me encogí de hombros. No tenía una respuesta para eso.

Mi madre negó con la cabeza.

—Te puedo decir ahora mismo que él no lo haría.

Ese día más tarde, cuando regresé de hacer unos mandados por el centro, había una nota en la mesada que decía que mi jefa Ellen había llamado. Ellen dirigía una revista de arte sin fines de lucro en Nueva York, en la que yo acababa de empezar a trabajar, y sabía que si me estaba llamando a la casa de mi madre era porque se trataba de algo urgente. No había dejado un número, así que llamé primero a la oficina en Manhattan varias veces, pero nadie atendió. Después de tratar de comunicarme durante una hora sin éxito, agarré una cerveza de la heladera y me senté en la cocina a leer una revista. Unos minutos más tarde, mientras hojeaba un artículo de Fritz Lang, sonó el teléfono, y pensando que podía ser Ellen, corrí a atender. Solo que no era ella. Era la voz de un hombre, que sonaba débil y distante. Había mucha interferencia del otro lado de la línea y apenas podía entender lo que el hombre decía.

—¿Hola? —le dije.

El teléfono siseó.

—¿Hola?

—Hola —dijo una voz, débilmente.

—¿Richard? —pregunté—. ¿Eres tú?

La conexión se interrumpió.

Me quedé sentado a la mesa, preguntándome si había sido Richard el que llamó y si volvería a llamar. Pero el teléfono no volvió a sonar y decidí no mencionar nada sobre el llamado. Sabía que si lo hacía mi madre se pondría mal, y no quería que nadie se sintiera peor de lo que ya estaba. Amy regresó a casa un par de horas más tarde con tres bolsas grandes de Ann Taylor. Fue directo a su habitación y se quedó ahí encerrada hasta la hora de la cena.

Alrededor de las siete de la tarde, la peor parte de la tormenta pasó por nuestra casa. Yo estaba en la cocina cuando sentí que su potencia atravesaba la habitación. Por la ventana que estaba encima del fregadero, podía ver los relámpagos que partían el horizonte, crepitando al fondo de las colinas, y más atrás, un espeso conjunto de nubes oscuras se recortaba en el cielo nocturno. Hubo truenos y un fuerte estruendo, y un momento después se cortó la luz. Mi madre encendió velas por toda la casa, Tom empezó a hacer llamadas a la compañía de luz y yo tomé una linterna que estaba en el pasillo y me fui a mi habitación. Me acosté en la cama, y a pesar de que hice mi mayor esfuerzo por distraerme, no podía dejar de pensar en Richard, preguntándome si había sido él quien había llamado más temprano. Cuanto más pensaba en eso más me enojaba, y cuanto más me enojaba, más ganas me daban de llamar a los padres de Richard. Supuse que él ya había intentado contactarse con ellos, que ellos ya estaban al tanto de su paradero. Quizás, incluso, habían ideado un plan para sacarlo de ese país. Pero esa noche, durante la cena, cuando le mencioné la idea a Amy, ella me respondió que bajo ninguna circunstancia iba a llamar a los padres de Richard.

—Ni siquiera les caigo bien —dijo, bebiendo vino.

—Es solo una sugerencia —le contesté.

Amy gimió.

—De ninguna manera.

Estábamos todos sentados alrededor de una mesa en el comedor, a la luz de las velas, tomando vino y comiendo estofado de pollo que Tom había logrado preparar en la oscuridad.

—Nadie se merece pasar por algo así —dijo Tom desde la otra punta de la mesa. Había estado callado hasta ese momento, probablemente a pedido de mi madre, pero ya iba por su segunda copa de vino ahora, y no creo que le importara demasiado.

Amy fingió no escucharlo, y siguió hablando.

—Sus padres le dijeron que estaba cometiendo un error casándose conmigo —comentó—. Le dijeron que se arrepentiría. ¿Pueden creerlo?

—Bueno —sonrió Tom—. Dadas las circunstancias, creo que has probado que tenían razón.

Amy hizo una mueca y luego siguió comiendo.

Tom sacudió su cabeza. Se echó para atrás y cruzó los brazos.

En momentos como este, era fácil imaginar que Tom había sido director de escuela.

—Todo lo que sé... —empezó Tom.

—¿Qué es lo que sabes, Tom? —le dijo Amy—. No me importa en absoluto lo que tú sabes.

—Amy —dijo mi madre.

Amy dejó caer su tenedor en la mesa y se levantó.

—Míralo, madre —dijo señalando a Tom—. ¿Una silla de ruedas? El hombre se parte el dedo del pie y le dan una maldita silla de ruedas.

—Está con mucho dolor —dijo mi madre.

—Fue el astrágalo, no el dedo del pie —intervino Tom.

—Lo que sea —dijo Amy.

—¿Quieres ver la radiografía? —dijo Tom mientras levantaba el pie enyesado sobre la mesa, como si fuera una evidencia indiscutible.

—No —respondió Amy—. Quiero que te calles.

Mi madre empezó a llorar. Un momento después Amy se levantó de la mesa y desapareció por las escaleras, y Tom y yo nos quedamos solos, mirándonos el uno al otro. Tom me guiñó un ojo, asumiendo que yo le veía algo gracioso a la situación, pero antes de que pudiera pronunciar una palabra me excusé y subí a mi habitación a fumar. Podía escuchar a Amy llorando a través de la pared que separaba nuestras habitaciones. La escuchaba decir "Te odio, te odio", aunque no podía saber si se refería a Tom o a Richard.

Me molestaba un poco no haberla defendido durante la cena. No siempre podía entender su lógica, pero con los años aprendí a aceptar sus estados de ánimo, su temperamento mercurial y sus repentinos e impredecibles ataques de ira. Era algo que había florecido dentro de ella después de la muerte de nuestro padre. "Una semilla complicada", así es como lo había llamado nuestro terapeuta familiar.

Me senté en la cama y golpeé la pared que separaba nuestros cuartos.

Amy dejó de llorar, estornudó y luego me dijo que la dejara tranquila.

—¿Quieres hablar? —le pregunté.

—No —me respondió—. No quiero hablar.

El resto de la noche fue una práctica de la evasión. Amy permaneció en su cuarto hablando por teléfono con sus amigas para quejarse de Richard, Tom se retiró al living y se puso a escuchar el informe del clima desde una radio portátil, y mi madre se sentó en la cocina a leer a George Elliot bajo la luz de una pequeña vela. Yo me quedé en mi habitación escuchando la tormenta pasar por nuestra casa. Alrededor de la medianoche bajé las escaleras y lo encontré a Tom medio dormido frente a su radio. La apagué, y él levantó la cabeza. Me sonrió y me hizo una seña para que me sentara.

No estaba de humor para conversar con Tom. De hecho, cada vez que podía, trataba de evitarlo. Pero en ese momento me parecía que no tenía muchas opciones. Así que me senté enfrente de él, y él me empezó a dar charla sobre el US Open, me preguntó quién era mi favorito y quién creía que ganaría el torneo. Él estaba borracho y se me hacía difícil seguirle el hilo. Decía que si el "cara de mono" de Sampras no ganaba, se sorprendería. Del lado femenino su favorita era Hingis. De tanto en tanto se detenía y se agachaba para tocar su yeso, como para asegurarse de que su pie seguía ahí. Cuando terminó de hablar del US Open, se puso a hablar de su carrera como tenista, su proyecto de jugar tenis en el circuito profesional, su trágica lesión en la rodilla cuando tenía apenas treinta años y, luego, su resurgimiento como campeón senior. Como la historia de su carrera de tenista no parecía estar arribando a ningún tipo de conclusión, después de un rato me levanté y le expliqué que, para ser honesto, yo no era muy fan del tenis.

—Me imagino que sabes jugar —me dijo.

—No juego desde que era un niño.

—Bueno, deberías volver a hacerlo —comentó.

Me encogí de hombros.

—Tal vez.

Tom frunció el ceño nuevamente. Luego se dirigió a la otra punta del living y se sirvió otro trago.

—¿Sabes?, no me enorgullece la manera en que me comporté esta noche —dijo después de un momento—. Lo digo en serio. El alcohol saca lo peor de mí. Soy el primero en reconocerlo. Pero quiero que sepas que a tu hermana la quiero. La considero como una hija. —Luego carraspeó y me miró—. Y a ti, como un hijo.

Yo miré mis pies.

—Nunca tuve hijos —continuó—. Fui maestro y director. Pero eso es algo distinto.

Parecía estar esperando que yo dijera algo.

—Es tarde, Tom —dije después de un rato—. Yo debería estar yendo a la cama.

Tom se acomodó en el sillón y dejó la silla de ruedas a mi lado. Me preocupaba que quisiera abrazarme, pero no lo hizo. En cambio, apoyó su mano en mi hombro y me sonrió.

—Tenis —dijo—. Quiero que pienses en eso, hijo.

Al día siguiente, a la hora del almuerzo, hubo otro llamo de Richard. Estábamos todos sentados a la mesa, sirviéndonos unos sándwiches de pesto y pavo, que Amy había preparado a modo de ofrenda de paz por su comportamiento la noche anterior, cuando sonó el teléfono. Esa mañana había vuelto la luz y Tom había encendido el lavaplatos a modo de celebración. Esta vez él había atendido la llamada de Richard, y cuando se dirigió al comedor, le entregó el teléfono a Amy con una mueca. Afuera estaba lloviznando, una lluvia ligera de verano, pero Amy se llevó el teléfono al patio, de todos modos. Tom volvió con su silla de ruedas hasta la mesa y terminamos de comer, tratando de no espiar por la ventana.

—Dos meses" —dijo Tom después de un largo silencio—. Dos meses para poder volver a entrar en acción.

—No está tan mal —dijo mi madre.

—¿No está tan mal? —exclamó Tom—. Eso es toda la temporada de verano. Me perderé como tres torneos.

Me di cuenta, por su tono de voz, de que todavía culpaba a mi madre por su lesión.

—¿No hay torneos en otoño? —le pregunté.

—No —contestó, moviendo la cabeza—. Esos torneos son una porquería.

Miré por la ventana en ese momento y la vi a Amy que caminaba de un lado a otro por el borde de la piscina, haciendo gestos dramáticos con el brazo. Sabía que lo que fuera que le estaba diciendo a Richard no era bueno. En un momento dado, Amy cortó el teléfono y caminó de vuelta hacia el interior de la casa. Estaba goteando y pude notar, por la hinchazón alrededor de sus ojos, que había estado llorando. Nadie dijo una palabra hasta que Amy se sentó a la mesa. Luego, mi madre, incapaz de controlarse, dijo:

—¿Richard se encuentra bien, cariño?

Amy la miró y asintió.

—¿Va a poder salir de España?

Amy asintió nuevamente.

—¿Estás segura de que tiene suficiente plata?

—Dios santo, madre. No te preocupes por Richard.

—Bueno, siento curiosidad.

—Bueno, él está bien. De hecho, está perfectamente bien. La persona por la que deberías preocuparte, si realmente sientes curiosidad, madre, es por *mí.*

Sin excusarse, Amy se levantó, atravesó la cocina y subió las escaleras. Tom sacudió la cabeza.

—No voy a decir nada —comentó—. Solo quiero señalar que no diré una sola palabra.

Mi madre lo miró a Tom, y luego se paró y comenzó a levantar la mesa.

—Es igual de bueno —dijo, sin dirigirse a nadie en particular—. No íbamos a poder costear la boda.

Tom carraspeó y la miró.

—¿De qué estás hablando? —le pregunté.

—Estoy hablando de la plata de tu padre.

Yo la miré.

—Tom hizo algunas malas inversiones —contestó.

—Espera un minuto —comenzó a decir Tom, pero antes de que pudiera terminar, mi madre se fue de la habitación y subió las escaleras. Yo esperaba que Tom la siguiera por el pasillo, pero ni se movió del lugar. Solo se quedó ahí, aturdido y asustado. Ni siquiera me miraba.

—¿Cuánta plata perdiste? —le pregunté.

—Eso es entre tu madre y yo —murmuró Tom, todavía con la mirada baja.

—Tom —insistí—. ¿Cuánto?

Tom miró por la ventana. Luego, sin decir una palabra, se dio vuelta y salió de la habitación.

Me pasé el resto de la tarde en mi dormitorio, tratando de procesar la caída lenta y constante de nuestra familia. Desde que nuestro padre murió, parecía que una nube negra había descendido sobre nosotros, una nube del mismo tamaño y forma que nuestra casa, y que nada en la intrincada estructura de nuestro futuro sería lo mismo. Recuerdo que, en los libros que nos daban los psicólogos a Amy y a mí cuando éramos niños, había historias sobre personas que contaban que, después de la muerte de alguno de sus padres, nunca más volvían a ser felices. Sabía que ese era el caso de mi hermana, y a veces de mi madre. La vida continúa, pero es distinto ahora. Todo es más triste y aburrido. Hay altibajos, pero la diferencia es que la euforia es menos intensa y la depresión es un pozo sin fondo, tan profundo que hay que ser cauteloso de no caer en él. Tirado en mi cama esa tarde me puse a pensar en que Amy probablemente había pasado la mayor parte de su vida al borde de ese pozo, reacia a dejarse caer en él, pero al mismo tiempo asustada por su presencia. Ahora parecía que finalmente se había rendido. Y esa tarde, cuando el teléfono volvió a sonar, ella se paró en su puerta y nos dio indicaciones de que no atendiéramos la llamada. Era Richard, nos dijo, y no quería hablar con él.

Abajo yo podía escucharlo a Tom quejándose con mi madre

porque ella nos había contado sobre sus inversiones. No paraba de repetir:

—La bolsa es voluble, Helen. Es muy temprano para saber.

—No voy a hablar de eso aquí —dijo mi madre en un momento, y luego, unos minutos después, se escuchó un portazo, y los pude ver a ambos dirigirse al garaje. Mi madre lo ayudó a Tom a subirse al auto y luego se marcharon, dejando la silla de ruedas en la entrada.

Esa noche se suponía que haríamos la gran fiesta en honor al compromiso de Amy y Richard. Mi madre había encargado una comida elaborada la semana anterior y supongo que se había olvidado de cancelarla, porque a las siete en punto aparecieron dos empleados del catering en nuestra puerta de entrada y dejaron varias bandejas con una enorme cantidad de comida: mouse de salmón, chuletas de ternera marinadas, berenjena asada, peras Seckel cocidas en vino tinto. Toda esta increíble comida, y nadie para comerla. Yo estaba sin apetito, así que dejé las bandejas en el comedor y subí al cuarto de Amy para tocarle la puerta.

—Llegó la cena —le anuncié.

—No tengo hambre —me respondió.

Me quedé ahí un momento, y luego giré un poco el picaporte y miré hacia adentro. Amy llevaba puesto su pantalón azul de entrenar y su sudadera de Amherst, y estaba fumando un cigarrillo y mirando un viejo álbum de fotos. Después de un rato me miró y sonrió.

—¿Quieres que nos emborrachemos? —me dijo.

Mi madre siempre tenía el minibar abastecido. Ella y mi padre solían beber todas las noches cuando eran jóvenes. Tomaban whisky escocés puro y luego pasaban al gin tonic en verano.

Muchas personas son bebedores sociales, pero mis padres eran bebedores nocturnos. Empezaban con un trago antes de la cena y luego seguían hasta la hora de dormir. Mi madre había bajado el ritmo desde que se casó con Tom, pero, de todos modos, Amy y yo pudimos hacernos de una botella de Tanqueray y algunas latitas de bebidas no alcohólicas para mezclar. La lluvia había cesado, así que llevamos nuestros tragos afuera, al patio, que estaba más fresco. Amy dijo que hacía mucho que no se emborrachaba y que esa noche quería hacerlo. Me di cuenta de que estaba molesta, tal vez, incluso, un poco imprudente, pero yo seguía sirviéndole tragos y ella seguía bebiéndolos, y enseguida ambos estábamos riéndonos de todas las tonterías que habíamos hecho cuando éramos niños. De la vez que ella me había hecho comer barro, de la vez que casi incendiamos la casa, o la vez que arrojé una manzana a un nido de avispas de cola blanca y me picaron diecisiete veces. Al poco rato Amy ya estaba retorciéndose de la risa, y yo recostado en mi silla, feliz de verla de buen humor nuevamente.

—¿Sabes? —me dijo mientras apoyaba su vaso en el piso—. Eres la única persona que me entiende, Alex. Toda mi vida, eres el único que me ha entendido.

—Me cuesta creerlo.

—No, es cierto —me dijo—. Ni siquiera Richard me entiende. No de verdad. No como tú. —Y se puso a mirar la piscina.

—Supongo que la boda se cancela.

Ella sonrió y recargó más Tanqueray a su trago.

—¿Te puedo contar algo?

—Claro.

—Está bien. Pero si se lo cuentas a alguien, tendré que cortarte las bolas.

—Está bien. Entiendo.

Ella encendió un cigarrillo y se recostó en su silla.

—Yo no lo dejé. Él me dejó a mí.

—¿De qué estás hablando?

—De Richard. De cuando estábamos en España. Me dijo que tenía ciertas dudas sobre casarse conmigo. Ese día, en la estación de trenes, tomó su pasaporte y algo de dinero, y me dijo que quería viajar un tiempo por su cuenta. Dejó su mochila y todo lo demás. Me dijo que necesitábamos distanciarnos un tiempo.

—¿Entonces inventaste la otra historia?

Ella asintió.

—Amy.

—Lo sé —me dijo—. Me llamó esta tarde desde Madrid para decirme que me extraña y que no puede creer lo que me hizo. Me está rogando que lo perdone. Una noche solo y ya entró en pánico. —Se rió—. Se va a tomar el primer vuelo a casa mañana.

Me recliné en mi asiento.

—Dios mío.

—No le cuentes a mamá —me pidió—. Va a ser más fácil si cree que fue mi culpa.

—Está bien.

—Lo digo en serio —me contestó—. No puedes decir ni una palabra.

—Entiendo —le dije.

Ella asintió, y luego se agachó para buscar su vaso.

—¿Y ahora qué va a pasar? —le pregunté.

Amy se encogió de hombros y miró las colinas.

—No lo sé —me contestó—. Tengo casi treinta años, Alex. Treinta años. —Hizo una pausa para beber un sorbo—. Richard y yo hemos estado juntos durante tres años, ¿no? Tres largos años. En ese tiempo llegas a conocer bien a alguien. Te acostumbras a la otra persona, ¿sabes? Y no estoy diciendo que sea perfecto, porque, reconozcamos, Richard puede ser un imbécil la mitad del tiempo. Pero el año pasado empezó a separar parte de su dinero para nosotros, para cuando seamos viejos, y eso de alguna manera me llegó, el hecho de que pensara en nuestro futuro juntos.

Luego suspiró y apoyó su cabeza sobre mi hombro.

—Quiero decir, en serio —dijo después de un momento—. ¿Qué es lo peor que puede suceder?

Entonces la rodeé con el brazo y me sentí bien al tener todo el peso de su cuerpo contra mí. Había pasado mucho tiempo, años quizás, desde que me había dejado abrazarla así. Le acaricié el pelo con los dedos, y después de un rato, mientras se levantaba un poco de viento, ella se recostó en mi pecho y cerró los ojos. Y por un instante pude revivir esas noches de verano en que nos sentábamos en el jardín con Amy a esperar a que nuestro padre regresara del trabajo. Todavía recuerdo la sonrisa de Amy cuando veía aparecer las luces del auto de nuestro padre por la colina. Éramos felices con poco: las luces, su auto, el saber que la persona que más amabas en el mundo estaba regresando a casa.

piel

CHLOE Y YO ESTAMOS DESNUDOS, acostados en el piso de nuestro pequeño estudio bebiendo té helado. Es abril, increíblemente cálido para la época, y tenemos las ventanas abiertas y el ventilador prendido. Afuera llueve ligeramente, y debajo de nosotros, en la calle, podemos escuchar a niños chapoteando sobre el resbaladizo pavimento, y a nuestros vecinos dominicanos riéndose entre charcos de humo azul. Chloe apoya el vaso sudoroso de té helado sobre la piel pálida arriba de su ombligo y me hace prometerle que nunca la voy a dejar. Es un juego que le gusta hacer, así que le beso el hombro y se lo prometo. Ambos tenemos veintitrés y estamos recién casados, y de acá a seis meses nos mudaremos fuera del barrio a una pequeña casa en el norte de Houston. Como gesto hacia nuestra nueva vida, adoptaremos un pequeño labrador color negro, al que llamaremos Jack, y tres días después, como amamos tanto a Jack, compraremos otro —una cachorra, esta vez— para que le haga compañía. Tendremos un gran porche delantero y una hamaca, y cada noche nos sentaremos allí con nuestros perros a tomar Coronas heladas y a escuchar a Chet Baker, asombrados de vivir en una casa con garaje, y con un camino de entrada y árboles de jacarandá en flor en el jardín de adelante. En un año Chloe conseguirá un nuevo trabajo en una galería en el distrito del arte, y tres días después de su cumpleaños número veinticuatro, volverá a casa de su nuevo trabajo, como todas las noches, y se sentará a la mesa de la cocina frente a mí. Sus manos estarán húmedas, su cabello, despeinado. Estará tan seria que por un momento pensaré que me está haciendo una broma. Encenderá un cigarrillo y cerrará los ojos. Tomará mi mano y me dirá que todavía no encuentra palabras para lo que necesita decirme. Esa noche, más tarde, llamará a su madre en California y yo me quedaré sentado en la cocina, fumando, escuchándola llorar al teléfono en la otra punta de la casa. Ninguno de los dos dormirá esa noche, aunque tampoco nos hablaremos mucho. Nos acostaremos en la oscuridad calma, como dos extraños, y a la mañana siguiente, sin mirarnos a los ojos, conduciremos a través de la cola de un huracán hasta una pequeña clínica en las afueras de Houston, donde me sentaré solo en un cuarto oscuro, pensando en los nombres para el niño que acabamos de despachar con una firma.

Eso es lo que pasará. Pero esta noche, acostado en la alfombra suave color lima, junto a su cuerpo desnudo, escuchando la lluvia y las risas, solo estoy pensando en la piel de Chloe. La pálida piel de mi joven mujer, que es fría y suave como su nombre. Afuera, en las calles, la música vuelve a sonar, y Chloe se acerca rodando hasta mí y empieza nuevamente: primero besa mi pecho y luego comienza a bajar. Yo cierro los ojos, sabiendo que más tarde nos quedaremos dormidos juntos en nuestro estrecho colchón, como lo hacemos todas las noches, escuchando el viento que mueve las hojas de las palmeras tras la ventana, creyendo, en nuestros densos sueños, que de nada cruel somos capaces.

connecticut

EN EL VERANO EN QUE MI PADRE FUE DADO DE ALTA DEL HOSPITAL, se mudó a nuestra cabaña de verano en Maquesett Island, cerca de la costa de Connecticut, y por lo que recuerdo, ha vivido allí la mayor parte de mi infancia. Se las arregló para vivir ahí durante todo el año, incluso durante la desoladora temporada de invierno, entre las pequeñas casas de tejas grises en la otra punta de la playa. Mi hermana y yo crecimos al este de Connecticut junto a nuestra madre, en la casa que había heredado, y una semana de por medio, nos tomábamos el ferry hasta la isla para visitarlo. Eran viajes breves, nunca nos quedábamos allí más que un par de horas, y el objetivo de estos viajes era llevarle medicamentos a nuestro padre y asegurarnos de que no había tenido lo que mi madre llamaba una "recaída". A mi hermana y a mí nos habían dicho que nuestro padre estaba en un período de recuperación, que se estaba tomando un tiempo para él, para trabajar en ciertos aspectos de su vida. Así nos lo explicaba nuestra madre cuando hacíamos estos largos viajes a la isla, aunque incluso entonces, los dos éramos conscientes de que el asunto era mucho más grave.

Nos habíamos acostumbrado a crecer con su ausencia en nuestras vidas. Para ese entonces, ya había transcurrido un año desde que mi padre había colapsado en el medio de una cirugía de rutina, un año desde que mi madre lo había llevado a un hospital en las afueras de Boston, donde uno de sus amigos, un colega de la facultad de medicina, le había diagnosticado una enfermedad mental que había estado latente en él la mayor parte de su vida. Había transcurrido un año desde que todo esto había sucedido, y si bien su decisión de mudarse a la isla a vivir solo nos había dejado un vacío en nuestras vidas, nunca hablamos de ese vacío con él. Yo tenía trece años en ese momento y era muy joven para entender la enfermedad de mi padre, pero a diferencia de mi hermana y mi madre, de alguna manera yo podía percibir que lo que le había sucedido a mi padre era irreversible y permanente. Mi madre, incluso años más tarde, insistía en referirse a su condición como una "temporaria recaída". Les decía a sus amigas que él estaba atravesando un período difícil en ese momento, una mala racha, como si de alguna manera creyera que un día él iba a volver a ser el mismo hombre con el que se había casado cuando tenía veintidós años. Ahora puedo entender que las excusas de mi madre provenían de un sentido profundo de culpa, que ella, al igual que mi hermana y yo, se culpaba por lo que le había sucedido a mi padre. Pero también sé que en realidad ella no creía estas cosas, que probablemente había perdido la esperanza de que mi padre se recuperara, incluso antes que nosotros. Recuerdo cómo lo abrazaba cuando íbamos a visitarlo, justo antes de irnos. Lo sostenía como si tuviera miedo de que desapareciera de pronto. Más tarde, en el viaje de vuelta en ferry hacia tierra firme, ni siquiera hablaba del tema. Simplemente se quedaba leyendo el diario en silencio mientras mi hermana escuchaba música con su walkman, y yo buscaba un punto en la popa del barco y miraba la isla desaparecer en el horizonte a través del océano.

La casa en la que vivíamos, la casa que mi abuela paterna había construido a fines de los cuarenta, estaba sobre una pequeña colina al final de una calle privada en las afueras de la ciudad. A través del bosque, al oeste de nuestra casa, se podía ver el extremo de la cancha de golf del club, y del otro lado estaba la calle, que se extendía por muchos kilómetros hasta llegar a la ciudad. Alrededor de dos kilómetros más abajo, estaba Elson, la escuela privada a la que asistíamos mi hermana y yo desde que éramos muy pequeños. Elson era un internado, y desde una temprana edad yo había descubierto que había ciertos beneficios por vivir tan cerca del internado. Además del hecho de no tener que dormir ahí, como el resto de los estudiantes, me había dado cuenta de que, si elegía bien el momento, me podía escabullir varias veces al mes por el bosque que estaba detrás de las canchas de fútbol, para regresar a casa más temprano. Seguía el camino formado por los gruesos árboles al costado de la calle, y siempre y cuando no lo hiciera demasiado seguido, nadie, ni siquiera los maestros, notaban mi ausencia. A diferencia de mi hermana, que siempre aparecía en el boletín informativo de la escuela, que sacaba dieces en todos los exámenes y que metía más goles que cualquier otro jugador de hockey en la historia de la escuela, yo no era muy conocido en Elson. Mis amistades estaban constituidas por dos filipinas tímidas que me dejaban sentarme con ellas durante el almuerzo, y en cuanto a los administrativos y el cuerpo docente, generalmente me tenían como un estudiante tranquilo pero extraño, un modelo de bajo rendimiento. A decir verdad, yo trabajaba igual de duro que cualquiera en mi clase, pero tenía una dificultad a la hora de concentrarme en las explicaciones y procesar la información, como si lo que entrara a mi cerebro, de alguna manera, se perdiera en el camino.

De cualquier modo, la tarea de regresar de la escuela a casa, más temprano, era algo que yo había perfeccionado al nivel de arte. Era algo que yo apreciaba y esperaba con ansias tres o cuatro veces por mes. Cuando sonaba el timbre del quinto recreo, simplemente esperaba en el baño hasta que el resto de los estudiantes entraban en las aulas. Luego me escabullía por la puerta trasera de la escuela, atravesaba el campo de deportes a gran velocidad y me metía en el bosque que estaba detrás de la pared de piedras que rodeaba la escuela. A partir de ahí me dejaba guiar por mi instinto, buscando ciertos puntos de referencia, como la chimenea roja de los Gustavson, o la nueva cancha de tenis de los Levering, hasta que entraba en territorio familiar. Cuando finalmente llegaba a la parcela libre de árboles en la base de nuestro jardín trasero, me quedaba a la sombra esperando hasta estar seguro de que el auto de mi madre no se encontraba en la entrada. Los martes y jueves eran días seguros, ya que a mi madre le gustaba jugar al bridge con su grupo de amigas en el club esos días, y los viernes a veces también eran días seguros, porque mi madre se iba de voluntaria a una clínica de sangre en el centro. Pero los lunes y los miércoles eran siempre impredecibles, y lo menciono a esto solo porque fue un miércoles, durante el otoño en que tenía trece años, el año del que les quiero hablar, que llegué a casa más temprano y encontré a mi madre tomada de la mano con nuestra vecina, la señora Bentley.

Los Bentley habían sido los amigos más antiguos de mis padres antes de que mi padre enfermara, y aunque no nos habían ignorado como otras familias del vecindario, durante el año anterior habían dejado de visitarnos con la frecuencia con la que lo hacían antes. La señora Bentley, en particular, parecía haber desaparecido lentamente de la vida de mi madre. Por eso fue una sorpresa tan grande verla tomada de la mano de mi madre, y más sorprendente fue el hecho de que no parecían tomadas de la mano como amigas, sino de una manera más íntima, como lo hacía mi padre con mi madre cuando nosotros éramos niños, o como otras parejas que había visto en el club. Se tomaban las manos muy fuerte y caminaban felices por el jardín de perennes, y luego, mientras se aproximaban al cerco, mi madre le tocó el hombro a la señora Bentley, ella pasó su brazo por la cintura de mi madre, y luego se abrazaron, como dos jóvenes amantes, al final de nuestro jardín trasero.

Supongo que les parecía completamente seguro darse ese abrazo clandestino ahí en nuestro patio trasero. Después de todo, nuestra propiedad estaba escondida detrás de una gruesa pared de abetos de cada lado, y era extraño que hubiera alguien a esa hora del día espiando desde el bosque. Pero ahora me pregunto si acaso les importaba. Me pregunto si en el fondo no querían ser descubiertas. Era el comienzo de una nueva era en nuestro país —los setenta—, y lo que antes estaba un poco mal visto, incluso en los suburbios bucólicos de Connecticut, estaba mal visto ahora. Pero a mí, en ese momento, me parecía de lo más horrible y depravado, y tuve que apoyarme en el tronco de un árbol mientras miraba a mi madre abrazarse una y otra vez con la mujer que me había llevado tantas veces a mis entrenamientos de natación, la mujer que me había regañado por andar en bici en su jardín, la mujer que venía a nuestra casa para las fiestas navideñas y, quizás bastante borracha, entonaba villancicos con una voz demasiado aguda.

Nunca había tenido nada en contra de la señora Bentley antes de eso. Siempre había sido la menos pretenciosa entre los amigos de mis padres, pero de pronto, en la suave luz gris de esa tarde de octubre, pensé en cada una de las cosas horribles que alguna vez me dijo, como las veces que me dijo que mantuviera a nuestro perro Whinney alejado de su jardín, o todas las veces que no me había recibido cuando yo pasaba por su casa en Halloween. Ella y su marido tenían dos hijas, una que tenía mi edad y que iba a un internado en Vermont, y otra, dos años mayor que Kelly, que ahora estaba en la universidad. Cuando éramos niños jugábamos con sus hijas, y luego, a medida que fueron creciendo, los Bentley comenzaron a venir a nuestra casa por las noches a tomar un cóctel, el doctor Bentley hablaba de tenis con mi padre en el jardín, mientras la señora Bentley y mi madre miraban catálogos de ropa en la cocina. No había nada de qué preocuparse entonces: su amistad, como la mayoría de las amistades entre mujeres adultas, se basaba en intereses comunes, chismes, y preocupación mutua por el progreso académico de sus hijos o la disminución de interés de sus maridos por ellas. Eran unidas, pero nunca hubo intimidad entre ellas. No había un elemento físico en juego en su relación. De hecho, hasta ahora, nunca las había visto abrazarse antes: incluso en las semanas después de que mi padre tuviera la recaída, no se habían abrazado ni siquiera una sola vez. Y fue por esta razón que entendí que el abrazo que mi madre y la señora Bentley compartieron en el jardín trasero, esa larga serie de abrazos apasionados, no fue por compasión. No era la clase de abrazo gentil que uno le da a alguien que acaba de sufrir una pérdida. Era el tipo de abrazo que tiempo más tarde leería en la escuela, cuando nuestra maestra de inglés nos asignara la lectura de Lady Chatterley's Lover. Era un abrazo ilícito. Un abrazo prohibido. Un abrazo de amor.

Ustedes se preguntarán cómo un chico de trece años era capaz de entender semejante cosa. Se preguntarán cómo era capaz de saber que mi madre y la señora Bentley no eran solo dos mujeres que se consolaban mutuamente en una tarde de otoño. Para ser honesto, yo tampoco puedo estar seguro. Ciertamente, nunca había tenido un interés lascivo en la vida sexual de mi madre. Y ciertamente nunca había tenido pensamientos de ella con otras mujeres. Aquella idea nunca se me había cruzado por la cabeza, ni de cerca, hasta ese día. Ella era una esposa devota y una madre amorosa. Esas cosas sí las sabía. Pero la manera en que abrazó a la señora Bentley, esa vez, claramente no estaba destinada a la observación pública. Y ese día, más tarde, cuando finalmente salí de mi escondite en el bosque y fui hasta mi casa, mi madre ni siquiera mencionó que la señora Bentley había pasado por nuestra casa. Incluso, cuando le pregunté qué había hecho durante el día, ella simplemente se encogió de hombros y dijo que había hecho algunos mandados, que había limpiado la cocina y que había plantado un par de azaleas en el jardín de perennes. "Nada demasiado interesante", me dijo. Pero después, cuando se agachó para besar mi frente, me alejé instintivamente, consciente de haberla lastimado, y salí de la cocina corriendo hasta mi habitación.

Esa noche me quedé en la cama durante varias horas acostado, fingiendo un repentino malestar, y me salvé de ir a cenar. Podía escuchar que abajo mi madre y mi hermana se reían en la cocina, y mientras estaba acostado en la cama, escuchándolas, pensé en mi padre. Pensé en él en esa isla, solo, y en qué habría pensado él si hubiera visto lo que yo había visto. No era un hombre violento y tampoco era de gritar. Incluso antes de su recaída había sido una persona amable y con un tono de voz suave, un doctor cuyos pacientes admiraban por su paciencia y sensibilidad. Era una buena persona, y no puedo imaginármelo agitándose o poniéndose violento con este asunto. Era de esa generación de hombres que simplemente aceptaba los misterios de la condición femenina, que no hacía ningún esfuerzo por tratar de entender a sus esposas, sino que aceptaba que había cosas que las mujeres decían o hacían, y que ellos nunca iban a entender. En este sentido, podría haber simplemente ignorado todo el asunto, y haberlo considerado una de las muchas cosas sobre mi madre que nunca iba a entender. Podría no haberse sentido amenazado por eso. Pero para mí, el abrazo secreto entre mi madre y la señora Bentley parecía amenazar toda la estructura de nuestra familia. Pensé más de una vez en decírselo a mi hermana, Kelly, para que supiera lo que yo había visto. Pero sabía que ella probablemente se reiría de todo el asunto, me llamaría enfermo, y correría a contarle a mi madre mi teoría perversa. "¡Adivina lo que piensa Steven!", gritaría. "¡Él cree que tú y la señora Bentley son lesbianas!".

Al final decidí que lo mejor era guardármelo para mí. Tal vez todo terminaría. Tal vez había sido algo de una sola vez. Todos tenemos momentos de debilidad, razoné. Todos nos confundimos de vez en cuando. Quizás fue la señora Bentley quien sedujo a mi madre. Quizás simplemente habían bebido mucho vino.

Me resigné a esta y a otras teorías, pero en las semanas que siguieron, lo que esperaba que fuera una preocupación pasajera, no se detuvo. De hecho, empecé a estar extremadamente atento a los movimientos de mi madre durante el día. La estudiaba de la misma manera que solía estudiar a los insectos cuando era pequeño, muy alerta a cualquier movimiento sutil, convencido de que había un misterio escondido que sería develado si observaba el tiempo suficiente. De todas maneras, no descubrí nada fuera de lo común. Seguía la misma rutina de siempre, y no parecía haber nada enmascarado debajo de su rostro gentil, ningún oscuro deseo al acecho debajo de su entallado delantal. Simplemente parecía ella misma, es decir, algo preocupada, levemente agobiada, como siempre había sido, por la ausencia de nuestro padre. Por las tardes se quedaba en casa con nosotros, leyendo bajo la tenue luz de la cocina o ayudando a mi hermana con las solicitudes para la universidad y, durante el día, por lo que sé, seguía la misma rutina que siempre había tenido.

A pesar de todo, cada día cuando regresaba a casa, después de darle un beso rápido, a veces me detenía un momento para oler el aroma de su pelo, con la esperanza, supongo, de descubrir algo, un rastro del perfume de la señora Bentley, una vaharada de vino de un almuerzo compartido. En retrospectiva, las fantasías elaboradas que armé en mi mente durante ese tiempo eran probablemente mucho más sórdidas de lo que realmente había sucedido entre ellas. Sé que se siguieron viendo después de esa tarde, y sé que lo que ocurrió no era el tipo de comportamiento social propio de las madres de nuestro vecindario. Pero dudo que su noviazgo, o como quieran llamarlo, haya tomado las proporciones que mi mente de trece años se imaginaba. Yo creía que pasaban todas las tardes como lo habían hecho esa tarde de octubre, caminando juntas por el jardín, tomadas de la mano y conversando. Sería ingenuo pensar que ellas no eran conscientes de lo que estaban haciendo, o que ignoraban que, a los ojos de los vecinos, eso que hacían ellas "no estaba bien". Pero también es posible que mientras pasaban las tardes juntas no estuvieran pensando en eso, y cuando se separaban, trataban de olvidarse de todo el asunto.

Fue durante esa época que recibí una carta de mi director en la que se me informaba que debía asistir a una cita con él, mi madre y tres de mis maestros de séptimo grado. El director había firmado la carta con su nombre y al final había incluido una pequeña nota para mi madre que decía: "Es muy importante que usted asista a la reunión. Es una situación bastante urgente".

Cada trimestre, durante mi reunión de evaluación de mitad de período, me sentaba con mi madre en la esquina de la oficina del director mientras mis maestros se turnaban para señalarle a ella mis deficiencias. Tuve problemas para entender los principios matemáticos básicos, explicaron. Hice demasiadas caminatas a la fuente de agua durante las clases de historia. Pinté imágenes incorrectas en las clases de arte. La mayoría de los maestros estaban de acuerdo en que yo era deficiente, o "que no estaba bien", o que no era del todo capaz. Al final de la reunión le sugerían a mi madre que yo debía recibir clases particulares después de la escuela o que debía empezar a reunirme regularmente con el tutor escolar. El director miraba por la ventana durante toda la reunión, asintiendo para sí mismo, golpeando ligeramente su pie contra el escritorio de roble, y cuando los maestros terminaban de hablar, giraba hacia mí y me preguntaba si había entendido la gravedad de la situación. Siempre se refería a mi pobre expediente académico como "la situación", como "la presente situación parece haberse desarrollado de un modo menos que suficiente". Yo asentía y le decía que sí.

—¿Entiendes —agregaba—: que si continúas con este nivel tendremos que pedirte que te vayas de la escuela?

Nuevamente, yo asentía. Había un breve silencio en la habitación. Luego me disculpaba con cada uno de mis maestros y hacía un comentario general pero optimista sobre cómo sentía que estaba tomando una nueva dirección: sobre cómo pensaba que el panorama futuro de "la situación" se veía mejor. Para ese momento había susurros y rumores entre los maestros, y luego, finalmente asentían al unísono, lo que significaba que mi madre y yo ya éramos libres para irnos. En definitiva, sabía que mi madre nunca me haría ir a ver al tutor. Ella parecía entender que, a pesar de mis bajas notas, yo trabajaba igual de duro que el resto. Después de las reuniones ella me pasaba su brazo a mi alrededor, mientras cruzábamos el estacionamiento, y me decía que nada de esto era mi culpa. "¿Sabes, Steven?", me decía, "no tienen por qué agradarte esas personas".

Más tarde, durante el viaje a casa, yo me sentaba en el asiento del acompañante y miraba por la ventana. Pensaba en mi padre, solo en su cabaña en la isla, y cada tanto mi madre me tocaba la mano, como si supiera lo que estaba pensando. "No te preocupes, cariño", me decía. "No te va a pasar a ti".

Pero esa tarde no dijo ninguna de estas cosas. En cambio, ella simplemente conducía sin hablar, y yo me senté a su lado, observando su rostro, su expresión solemne mientras aceleramos por las calles de nuestro vecindario. Cuando llegamos al borde de nuestro camino de entrada, mi madre detuvo el auto en la calle, y luego, después de una breve pausa, continuó calle abajo hasta la casa de los Bentley. Apagó el motor y me dijo que volvería en un minuto. La vi caminar por el largo recorrido hacia el porche delantero de los Bentley, y mientras estaba allí en medio de ese frío aire nocturno, sentí que no estaba muy seguro de por qué había ido ni qué había querido. Después de una larga pausa, finalmente llamó a la puerta de los Bentley, y cuando la señora Bentley abrió, mi madre dejó escapar un fuerte y lloroso grito, luego se inclinó hacia la señora Bentley y la abrazó con fuerza. La señora Bentley parecía estar consolando a mi madre, parecía estar susurrándole algo al oído, pero yo no pude entender lo que dijo.

Cuando mi madre regresó al auto, pude ver que había estado llorando, y mientras manejábamos hasta nuestra casa, simplemente me miró y suspiró.

—Quiero que lo intentes y lo hagas mejor, Steven —me dijo—. Pienso que es muy importante que todos tratemos de hacer mejor las cosas.

No estaba muy seguro de lo que quiso decir con eso, pero asentí de todas maneras, y cuando nos bajamos del auto y caminamos hacia la casa, le tomé la mano y le dije que lo haría.

—Intentaré hacerlo mejor —le dije—. Lo prometo.

Solo ahora, quince años más tarde, puedo decir con certeza que mi madre y la señora Bentley eran amantes. Pero esto lo sé solamente gracias a pequeñas pistas que he recogido en el camino: una carta de amor que una vez encontré en el escritorio de mi madre, una foto de la señora Bentley, metida entre el colchón y el somier de su cama. Y una vez, cuando estaba en la secundaria, una conversación telefónica que tuvieron, pensando que yo estaba dormido, y que yo escuché. Pero en ese momento de su vida, toda esa relación parecía tener poco efecto en ella, o por lo menos, en apariencia. Y no fue hasta el fin de semana de Acción de Gracias, casi un mes después de esa tarde de octubre, que me di cuenta por primera vez de que mi madre se había enamorado de la señora Bentley y que la señora Bentley también se había enamorado de mi madre.

Me acuerdo muy bien de ese día, incluso ahora. Era una mañana soleada y con una brisa ligera, inusualmente cálida para ser otoño, pero, al final de la tarde, cuando nuestros invitados —los Bentley y los Oleander— habían llegado a casa, la brisa se había convertido en viento fuerte, y el cielo se había nublado y se había tornado gris. Kelly y su novio, Chad Winters, estaban afuera, en el patio trasero, drogándose detrás del cobertizo de tenis, y todavía recuerdo la brasa ardiente del porro que se pasaban, como una luciérnaga naranja y brillante titilando contra el cielo del atardecer. Abajo podía escuchar a mi madre y a la señora Oleander riéndose en la cocina mientras el doctor Bentley y el señor Oleander miraban fútbol en la sala de estar. No había ningún otro sonido en la casa, solo el olor rico del pavo cocinándose y el dulce aroma de las tartas de nueces pecanas que la señora Oleander había traído para el postre. La señora Bentley no había venido, al menos no todavía, y cuando finalmente bajé de mi habitación y saludé al doctor Bentley, que estaba echado en el sillón, ni siquiera mencionó la razón de la ausencia de su esposa. Solo sonrió, alzó su vaso en un cálido y amistoso saludo y continuó viendo el partido. El señor Oleander, quien en una época había jugado al golf con mi padre todos los domingos, parecía igual de desinteresado en mí. Sin sacar la vista de la pantalla, me preguntó quién era mi favorito —Notre Dame o Michigan—, y cuando le admití que sabía muy poco de fútbol, simplemente me sonrió y volvió a su cerveza.

En la cocina, mi madre y la señora Oleander estaban preparando un budín de maíz en la cacerola y mezclando una salsa, respectivamente, mientras de fondo sonaba el pulso constante de *La Traviata* en la radio. La señora Oleander me sonrió cuando me vio, mencionó mi parecido con mi hermana, y luego siguió conversando con mi madre sobre la cabaña en Vermont que ella y su marido acababan de ofertar. Entonces me di cuenta de lo distinta que era mi madre en presencia de la señora Oleander. La señora Oleander, a diferencia de la señora Bentley, era completamente banal. Incluso ahora, cuando intento recordar su cara, veo solo blancura, la ausencia de atractivo debajo de esa cabellera rubia, de corte insulso. La suya era una cara sin cualidades, y parecía que su personalidad le hacía juego. La señora Bentley, al contrario, al menos era interesante de observar. Aunque ya no era atractiva, poseía las marcas de una cara llamativa: una nariz puntiaguda y un mentón angular, y andaba por la vida con la confianza de una mujer que alguna vez había hecho que los hombres se voltearan para verla. Si la atracción de mi madre por la señora Bentley había sido física, entonces, probablemente era por esas razones.

De cualquier manera, esa noche cenamos y nadie hizo mención de la señora Bentley. El doctor Bentley habló largo y tendido sobre sus dos hijas, ambas muy ocupadas con sus estudios como para volver a su casa natal durante el receso, pero nada dijo sobre su mujer. Parecía que la señora Bentley se había convertido en alguien como mi padre: una persona cuya existencia no era reconocida en la presencia de otros. Y supongo que fue en ese momento que me di cuenta de que algo había pasado entre mi madre y la señora Bentley desde aquella tarde en el jardín.

Semanas más tarde me enteraría del divorcio de los Bentley, y semanas después de eso, los detalles sórdidos finalmente se filtraron desde las esposas chismosas del club hasta las chicas chismosas de Elson: la escandalosa historia de cómo la señora Bentley se había mudado a New York City para vivir con otra mujer. Pero en ese momento la historia la conocían solo unas pocas personas, quizás solamente los adultos presentes en nuestra casa esa noche, y eso explicaba el comportamiento errático del doctor Bentley, sus cambios de humor y sus frecuentes visitas al baño, y también explicaba el gradual abatimiento de mi madre a medida que la noche avanzaba. Rellenando su vaso, casi tanto como el doctor Bentley, mi madre se fue quedando cada vez más callada, hasta el punto en que parecía que no estaba presente. Me daba cuenta de que su tristeza tenía que ver con la ausencia de la señora Bentley, y mientras la cena avanzaba, y el señor Oleander contaba una historia tras otra sobre su carrera futbolística en la universidad, parecía que a mi madre le había dejado de importar lo que los otros pensaban de ella. En un momento dado, se levantó y se fue de la habitación para volver diez minutos más tarde con los ojos rojos e hinchados por el llanto. Por lo general, era una anfitriona amable y educada, pero esa noche parecía querer simplemente que todo el mundo se fuera. Cuando las tartas de nueces pecanas fueron llevadas a la mesa, las únicas personas que todavía sonreían eran Kelly y Chad.

Las tartas se acabaron rápido, y poco después los Oleander partieron, fingiendo un cansancio repentino, dejando a mi madre sola con el doctor Bentley, quien se sentó al fondo de la habitación en un total estado de embriaguez. Chad y Kelly se habían levantado de la mesa hacía un rato, y yo los podía escuchar ahora en la habitación de Kelly, arriba, haciendo estallar el lado B de *Ziggy Stardust*.

—¿Qué demonios es eso? —se quejó el doctor Bentley desde la otra punta de la mesa.

—David Bowie —le dije.

—¿Quién? —preguntó frunciendo el ceño.

—¿Por qué no lavas algunos platos, cariño? —me pidió mi madre. Y un momento después, dando el ejemplo, levanté lo que había sobrado de la tarta del señor Oleander y la llevé a la cocina. Ahí permanecí, pegado al fregadero, con el agua caliente corriendo, tratando de escuchar a través de la puerta al doctor Bentley borracho quejándose con mi madre sobre su matrimonio fallido y su mujer lesbiana. Escuché poco de la conversación, solo algunas observaciones sarcásticas del doctor Bentley y las respuestas contenedoras de mi madre. En un momento escuché sollozos, al doctor Bentley sollozando, y luego escuché a mi madre llevándolo hasta la puerta.

—Lo siento —no paraba de repetir—. Lo siento muchísimo.

—Y fue entonces que decidí irme al jardín.

Estaba oscuro ya, y casi no se podía ver nada más allá del fondo de nuestro jardín. Nuestro perro Whinney estaba acostado en las sombras oscuras y frías, masticando uno de los huesos que mi madre le había dado, y estremeciéndose ligeramente. Desde que mi padre se había ido, nadie le había prestado mucha atención a Whinney. Se había convertido en un recordatorio de nuestro padre en su mejor momento. El perro que lo seguía a todas partes, el perro que se sentaba al lado de su silla en el estudio, el perro que lo saludaba cada día cuando volvía del trabajo a casa, y ahora parecía como si Whinney hubiera cambiado también. Ya no se veía enérgico o amoroso como lo era cuando estaba con mi padre, aunque seguía igual de obediente y leal que siempre. Pero esa noche, cuando lo llamé, me ignoró, y en lugar de ver su enorme y tambaleante figura emerger de las sombras en el fondo de nuestro jardín, lo que vi fue a la señora Bentley moviéndose por nuestro césped a paso rápido.

—¿Todavía está ahí? —dijo en voz baja, caminando hacia mí—. Mi esposo.

—No —le contesté un tanto sorprendido—. Se acaba de ir.

Ella asintió.

—Necesito hablar con tu madre —me dijo.

—Ella está adentro —le contesté.

La señora Bentley asintió y luego caminó lentamente hacia la luz del patio.

—Debes pensar que estoy loca —me dijo—. Para estar acá, afuera en el frío.

—No lo sé —le dije.

—Me temo que no soy yo misma estos días —se rió—. Por eso he venido a ver a tu madre.

—Está adentro —le repetí—. En el pasillo.

La señora Bentley me sonrió, cariñosamente, y parecía que quería decirme algo más. Pero después de un momento me acarició la mano y se dirigió hacia adentro por la puerta trasera del patio, a la cocina, luego al pasillo, donde mi madre, su amante, la estaba esperando.

Cuando los rumores finalmente llegaron a nuestra escuela, hubo historias sobre la misteriosa mujer con la que la señora Bentley se había ido a vivir a Nueva York. Algunos decían haberla visto a esta mujer por la ciudad, y con el tiempo fueron capaces de describirla con lujo de detalles. Tenía el pelo oscuro y lacio, piel pálida y ojos azules. Era una actriz, creían algunos, o una artista. Vivía en la parte Este y hacía joyas con piedras turquesa en su tiempo libre. No sé de la cabeza de quién emergió la imagen de esa mujer, pero dudo mucho que existiera realmente. Estoy seguro de que era más fácil para la señora Bentley crear una amante ficticia, alguien increíblemente joven, alguien muy diferente a mi madre, para que no hubiera sospechas, ni dudas de que la mujer que la había seducido y alejado de su esposo vivía en los seguros suburbios bucólicos del Este de Connecticut. Debe haber sido más fácil de esa manera. Más fácil para su esposo, para mi madre, y por supuesto, para ella misma. Así que se fue, y después de esa noche nunca la volvimos a ver. Como mi padre, se convirtió en un fantasma para nuestra ciudad, uno de los tantos que simplemente había desaparecido. Yo nunca la volví a ver, pero recuerdo haber visto cartas en varias ocasiones, enviadas desde un remitente anónimo con dirección en Manhattan. La primera llegó aproximadamente una semana después de aquella noche, y las otras llegaron de manera esporádica en los siguientes meses. Mi madre siempre separaba esas cartas, o las metía en una cartera, y nunca las abría enfrente de nosotros. Y luego, cuando yo revisaba los cajones de su escritorio, buscando desesperadamente estas tiernas epístolas, no encontraba nada. Hubo otras cosas también. Llamadas telefónicas nocturnas que mi madre atendía en su habitación, y otras veces, cuando mi hermana y yo levantábamos el teléfono, alguien cortaba misteriosamente desde la otra línea. Una vez, durante la primavera de ese año, mi madre tomó el tren a Nueva York y se fue por un fin de semana, mientras mi hermana y yo fuimos a la isla a visitar a nuestro padre. Mi madre dijo que una vieja amiga suya de la universidad estaba en la ciudad y que iba a pasar el fin de semana con ella. Pero cuando regresó de ese viaje parecía deprimida y malhumorada, distante, de la misma manera que lo había estado cuando nuestro padre enfermó por primera vez. Y yo estaba seguro de que había ido a ver a la señora Bentley y que toda la intimidad que una vez habían compartido ahora se había esfumado.

Nunca dudé del amor de mi madre hacia mi padre, pero no pretendo creer que ella lo volvió a amar de la misma manera que lo había hecho cuando eran jóvenes. Al mismo tiempo, no creo que ella la haya amado a la señora Bentley de la misma manera que había amado a mi padre. Es posible que, después de todo ese tiempo sola, ella simplemente quisiera un poco de intimidad, cualquier tipo de intimidad, y aunque creo que nunca buscó a otra mujer, estoy convencido de que a la señora Bentley la quería mucho, y sé esto solo porque, esa noche, más tarde, cuando volví a casa del jardín, escuché a mi madre y a la señora Bentley hablando en el pasillo. Mi madre hablaba en voz baja, tranquila, pero la señora Bentley estaba despotricando febrilmente, incapaz de mantener su voz en un tono razonable. Arriba, mi hermana y Chad escuchaban ahora *The Dark Side of the Moon*, y probablemente se manoseaban en la oscuridad, pero supongo que mi madre debe haber pensado que yo estaba con ellos, o quizás se había olvidado de mí por completo, porque después de un rato dejó de susurrar y yo pude escuchar cada palabra que se decían la una a la otra.

—Puedes quedarte —le decía mi madre—. Puedes quedarte y arreglar las cosas.

La señora Bentley estaba llorando.

—June —le dijo—. June, ¿qué demonios he hecho?

—Te puedes quedar —dijo mi madre otra vez—. Las cosas no están tan mal.

—Sí lo están —respondió—. Terriblemente mal.

Unos minutos después escuché la puerta de adelante abrirse, luego, un minuto después, se cerró. Yo salí de la cocina y la encontré a mi madre en el piso, apoyada contra la pared del pasillo.

Estaba llorando, y parecía incapaz de componerse, incluso por mí.

—Sube a tu dormitorio, Steven —me dijo sin mirarme.

—Mamá —le dije, caminando hacia ella.

—Steven —me dijo.

—Está todo bien —le respondí—. Y quería decirle que yo sabía sobre lo suyo con la señora Bentley, que las había visto juntas ese día en el jardín, que sabía, aunque no lo podía entender, que ella la amaba. Quería decirle todas estas cosas. Pero en ese momento mi madre no quería escucharlas. Simplemente quería que me fuera.

—Vete, Steven —me dijo.

Entonces eso hice.

Cuando mi padre regresó de la isla varios años más tarde, no hubo mención de la señora Bentley o del doctor Bentley, ni de lo que había ocurrido entre ellos. Mi padre parecía haberse olvidado de toda esa gente, de todos nuestros vecinos, mucho tiempo atrás. Era como si hubieran sido actores en una película que él alguna vez había visto, pero que ya no le interesaba recordar. Mis padres vivieron una vida un tanto solitaria desde ese momento, rara vez salían a fiestas, u organizaban cenas, o jugaban al golf en el club, como solían hacerlo. Ahora vivían una vida tranquila, sobreviviendo pobremente con las acciones que mi padre había comprado cuando era joven. Los médicos creían que mi padre había hecho un progreso viviendo en la isla, y parecían creer que con los años su condición había empezado a mejorar lentamente, pero para mí estaba igual que cuando había tenido la recaída, nervioso y tímido, dudando de sus propias habilidades, no se parecía en nada al padre sereno y seguro de sí mismo que había conocido cuando era niño.

En cuanto a mi madre, se adaptó rápido a su nueva vida con mi padre, jugando al scrabble y leyendo libros por las noches, haciendo caminatas por las mañanas, y monitoreando los medicamentos de mi padre. Visto desde afuera parecía como si mi madre se hubiera convertido en una cuidadora, una enfermera, y quizás era cierto, pero ella hacía todas estas tareas sin quejarse y no la vi ni una sola vez lamentándose o arrepintiéndose por lo que había sucedido entre ellos.

De todos modos, sigo pensando mucho en aquella noche, la noche en la que la señora Bentley se fue, y recuerdo la manera en que mi madre se tranquilizó después, la manera en que se fue a la cocina y se puso a lavar los platos, la manera en que le sonrió a mi hermana cuando volvió de su cuarto y la manera en que después se quedó parada al borde del fregadero, mirando hacia el jardín, esperanzada, como si todavía creyera que alguien vendría por ella, como si todavía creyera que una sombra distante emergería desde el fondo del jardín y vendría a rescatarla.

Este libro se terminó de imprimir en el mes de
agosto de 2020 en imprenta Semilla Creativa,
Buenos Aires, Argentina.